生きた景観
マネジメント

日本建築学会 編

鹿島出版会

編著

嘉名光市

大影佳史

栗山尚子

執筆者（50音順）

阿久井康平

麻生美希

阿部大輔

阿部貴弘

大野 整

佐藤宏亮

志村秀明

杉崎和久

髙野哲矢

中島宏典

沼田麻美子

原田栄二

松井大輔

三宅 諭

山下裕子

はじめに

　半世紀の実践を経て、景観づくりは保全か創造という対立軸から、保全と創造が共生・共存するステージへと移行した。いま、景観づくりはまちが新陳代謝を繰り返すなか、空き地や空き家などの衰退や空洞化と向き合いつつ、まちの誇りである重要な歴史や文化を継承し、都市の価値や活力を生む諸活動とともに、人々の営みとの関係に意識を払い取り組むべきものとなっている。

　まちや社会の変化とともに、景観づくりの手法は変化し、協議や対話により継続的に景観をマネジメントしていく「状態コントロール」へ展開している。これまでの景観施策の中心であった景観計画による規制・誘導といった方法のみならず、つくらない景観への対処、多様な担い手の参画、都市を象徴する風景の創出、時間や季節により移り変わる景観演出など、多様な領域への広がりをみせている。

　本書は「生きた景観マネジメント」に着目する。「生きた景観」とは、景観を成立させているさまざまな環境の変化を受けながらも「いまも生き生きとある都市やまち、場所を物語る景観」である。まちや地域の営みを象徴し、空間と居住者・来訪者など人々が空間を使うことで生まれる場を表現する景観であり、観察者・参加者らも景観の担い手として関与する。こうした動態的な生きた景観を生み、育てるマネジメント手法を景観づくりの新たな展開の手がかりとして捉える。

　生きた景観マネジメントに取り組む実践者、研究者、行政、法律家など多様な立場からの報告や意見交換を通じ、景観づくりの方法論の拡張やまちづくりにおける景観の意味や価値を問い直すきっかけとしたい。

日本建築学会　都市計画委員会
生きた景観マネジメント小委員会

目次

掲載
事例マップ

富山県富山市_富山市まちなか賑わい広場
「グランドプラザ」(まちなか広場)[II部2章6節]

富山県南砺市_城端[II部1章1節]

富山県舟橋村_オレンジパーク[II部1章3節]

富山県魚津市_魚津中央通り名店街[II部1章2節]

石川県金沢市_こまちなみ保存条例[I部2章]

京都市_新景観政策[I部3章]
京都市_先斗町[II部1章1節]
京都市_姉小路界隈[II部2章5節]
京都市_六原学区[II部4章11節]
京都府山城地域_宇治茶生産の文化的景観
[II部4章11節]

大阪市_グランフロント大阪[II部4章12節]
大阪市_御堂筋空間再編[II部4章14節]

兵庫県神戸市_KOBEパークレット
[II部3章9節]
兵庫県明石市_「あかし市民広場」
(まちなか広場)[II部2章6節]

北海道美瑛町_
観光資源としての農業景観
[II部3章10節]

青森県八戸市_
八戸まちなか広場
「マチニワ」(まちなか広場)
[II部2章6節]

岩手県北上市_親水公園お滝さんと
まんなか広場[II部2章4節]

岩手県大船渡市_キャッセン大船渡
[II部3章8節]

岩手県大槌町_復興公営住宅
[II部3章8節]

福島県南相馬市_
原発災害を中心にみた
復旧・復興プロセス[II部3章8節]

千葉県柏市_カシニワ制度
[II部3章7節]

東京都新宿区_神楽坂[II部1章2節]
東京都江東区_豊洲2・3丁目地区
[II部4章12節]
東京都品川区_天王洲地区
[II部4章13節]

横浜市_日本大通り[II部3章9節]
神奈川県鎌倉市_由比ヶ浜通り
[II部2章5節]

静岡県富士宮市_富士山本宮
浅間大社と鳥居前町[II部3章10節]

静岡県東伊豆町_稲取地区
[II部2章4節]

広島市_水辺における生きた
景観マネジメント[I部4章]

福岡県久留米市_
久留米シティプラザ「六角堂広場」
(まちなか広場)[II部2章6節]

福岡県八女市_八女福島の
まちなみ形成[II部3章7節]

名古屋市_天白公園内
てんぱくプレーパーク[II部1章3節]

愛知県設楽町_田峯地区
(農村歌舞伎)[II部1章1節]

第 I 部

生きた
景観マネジメントへの
視座

第 1 章

変わるまち、変わる景観

1 押し寄せる変化のうねり

いま、日本の都市を取り巻く環境のさまざまな変化が幾重にも重なり、大きなうねりとなって押し寄せている。2004 年にピークを迎えたわが国の人口はいよいよ減少へと舵を切り、2050 年にはおよそ 4 割が高齢者という時代を迎える。

国立社会保障・人口問題研究所の日本の地域別将来推計人口（2018 年推計）によると、2045 年の総人口は 7 割以上の市町村で 2015 年に比べ 2 割以上減少し、65 歳以上人口が 50%以上を占める市区町村が 3 割近くになると推計されている。

さらに長期的なトレンドを見ると、2004 年から今後 100 年かけて、今から約 100 年前（明治時代後半）の水準に戻る。このような人口の急増と急減はかつて例のない大きな変化だ。

人口減少がもたらす変化については、すでに多くの想定がなされている。「わが国における総人口の長期的推移」*1 では、2050 年までに人が居住している地域の約 2 割が無居住化し、現在国土の約 5 割に人が居住しているが、それが約 4 割にまで減少すると想定している。

総務省の住宅・土地統計調査によると、空き家の総数はこの 25 年で 1.8 倍に増加し、2018 年には約 849 万戸に達しており、今後さらにその数は増すことが想定される。

空き地についても、経済活動や産業構造の変化、少子高齢化・人口減少

図1：わが国における総人口の長期的推移

○日本の総人口は、2004年をピークに、今後100年間で100年前（明治時代後半）の水準に戻っていく。この変化は1000年単位でみても類を見ない、極めて急激な減少。

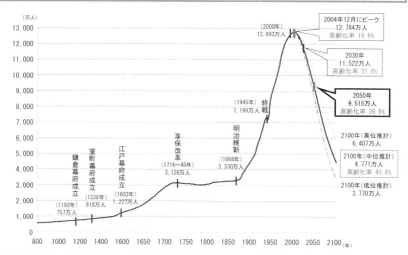

※総務省「国勢調査」、同「人口推計年報」、同「2000年及び2005年国勢調査結果による補間推計人口」、国立社会保障・人口問題研究所「日本の将来推計人口（2006年12月推計）」、国土庁「日本列島における人口分布の長期時系列分析」（1974年）をもとに、国土交通省国土計画局作成.
出典：「国土の長期展望」中間とりまとめ概要（2011年2月21日，国土審議会政策部会長期展望委員会）

図2：居住地域・無居住地域の推移

○〈居住・無居住の別〉でみると、2050年までに、現在、人が居住している地域のうち約2割の地域が無居住化する。現在、国土の5割に人が居住しているが、それが4割にまで減少。離島においては、離島振興法上の有人離島258島（現在）のうち約1割の離島が無人になる可能性。

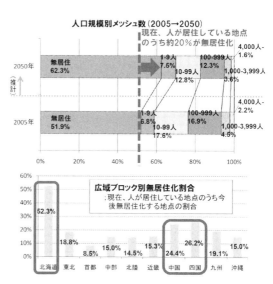

出典：国土交通省国土計画局推計値（メッシュ別将来人口）をもとに、同局作成

などにより増加傾向にあり、2013年には981 km²に達している。

　そして、こうした空き家、空き地の増加は、それぞれの所有者の意向により散発・離散的に発生しており、多くの場合まとまりなく点在している。いわゆる都市のスポンジ化と呼ばれる現象である。さらには、こうした空き家、空き地の管理が行き届かずに、防災・防犯、衛生、景観などに及ぼす影響も懸念されている。

　こうした変化をわれわれもさまざまなところで実感する。駅前のシャッター通りや閉店したスーパー、歴史的な街並みのなかでの空き家の増加、立派な町家が取り壊されたあとのコインパーキングなど、身の回りで見聞きすることが当たり前になった。

　農村集落の形態も担い手の減少による耕作放棄地の増加、空き家、空き地の増加に伴い変容し、その生業の存続が課題となっている。

　その一方で、大都市部ではいわゆる都心回帰現象により、都心や湾岸地域に続々とタワーマンションが林立しており、局地的には人口増加も起きている。

　さらに、急速に増加した訪日外国人旅行者数もまちの風景を変えてい

図3：年別訪日外国人観光客数の推移

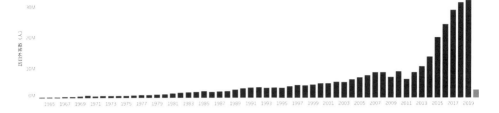

・ 訪日外客とは、国籍に基づく法務省集計による外国人正規入国者から、日本を主たる居住国とする永住者などの外国人を除き、これに外国人一時上陸客などを加えた入国外国人旅行者のことである。駐在員やその家族、留学生等の入国者・再入国者は訪日外客に含まれる。乗員上陸数は含んでいない。
・ 2007年以降の「観光客」の数値には「一時上陸客（通過客）」が含まれる
　訪日ビザを取得せずに日本での短期滞在が認められている国からの「一時上陸客」は、従来「観光客」に含まれており、「一時上陸客」の人数を別途把握することは不可能であった。それに加え、韓国、台湾、香港等からの短期滞在者に対する訪日ビザの免除措置が取られたことにより、近年、「一時上陸客」の該当者が「観光客」に組み込まれるようになり、「一時上陸客」は激減した。
　「一時上陸客」の日本での滞在が短期間であるとは言え、事実上観光客と行動が同様である実態に鑑み、2007年以降は「一時上陸客」を「観光客」に加え、「観光客」の定義を変更することとした。
・ 1964～2018年は確定値、2019年1月～2020年1月は暫定値である
出典：日本政府観光局（JNTO）

写真1：急激な外国人観光客の増加で風景が変貌した浅草

る。わが国の人口減少とは対照的に急速にその数を伸ばし、2018年度には3,000万人を突破した。東京・京都・大阪といった大都市の観光地はもとより、リゾート地、地方の温泉地などでも多くの外国人観光客が訪れるようになった。COVID-19（新型コロナウイルス感染症）の影響は無視できないものの、中長期的には外国人観光客数は、今後も増えることが予想される。

❷ 重なり合うさまざまな変化

　いま私たちが直面する「変化」には、3つの違う周期のようなものがあるように思われる。

　1つ目の波は、近代以降一貫して続いてきた都市化の世紀の終焉であ

る。これは文明の転換期といえる大きな変化だ。近代以降の都市は、かつての文明が経験したことのないほど急激に拡大をとげた。それ以前の都市が、さほど大きな人口変動や移動を伴わずに、時間をかけてその営みや規模、形態を変化させてきたのに対し、産業革命以降の近代化という大波によって世界は一変した。コンクリートや鉄鋼、ガラスといった新素材、蒸気や電気といった動力、エネルギーは都市のかたちを大きく変化させた。鉄道、自動車、航空機といった移動手段も変化した。工業が主要産業となり、科学技術や医療技術の発達によって、人口が急増し、都市に人々が押し寄せた。

　そのようななか、急速に膨張する都市を制御しようと考えだされた制度・仕組みが近代都市計画であった。この100年を振り返ると、その足取りは近代における都市化の歴史と符合する。1919年にわが国に都市計画法が制定され、およそ1世紀が過ぎ、その変化は終わりをつげ、次のステージを迎えている。今後起こる新たな産業や科学技術の発展によって、人々の暮らしは変化し、それにともない都市はさらに姿を変え、それに備えた社会への移行も起こる。

　2つ目の波は、人口減少や高齢化に伴い生じる、都市の縮退やスポンジ化と呼ばれる変化、あるいは中心市街地の空洞化、郊外の消費空間の拡大といった目の前に見える現象と関係が深い都市の変容だ。20-30年といった時間の経過によって徐々に起こる変化で、比較的予見がしやすい近未来でもある。

　人口減少と高齢化が進むと都市はどうなるのか？　この問いへのアプローチは、東欧や炭鉱、工業地域など生業を失った都市において多くのケーススタディがある。饗庭伸によれば、人口減少都市の多くは、スポンジ状に空洞化していくという現象を抱え、表面的には一見気づかないとしても、空間的にもコミュニティ的にも都市の力が弱まっていくことを問題として捉えている。

　いったん大きく広がった市街地が適切に「たたまれていない」状況においては、都市が希釈され、スポンジ状になる。その現象はあらゆる都市に均質に現れているわけではなく、そのあらわれは地域ごとにさまざまであ

る。地方都市の中心市街地では、衰退の様相が顕著なところが多い。郊外化、市街地拡大、モータリゼーションの進展により、郊外に立地したショッピングモールに人々は買い物に行き、中心市街地は取り残され、シャッター街と空き地が広がる。もはや、まちのにぎわいは勝手に起こるものではなくなって久しい。

　20世紀に都市部に人々が大挙して押しよせた結果、困窮した住居問題や、無秩序なスプロール市街地や密集市街地が発生し、その対策として計画・開発されたニュータウンでは、同時期に入居した人々が同時に高齢化してしまい、いまやお年寄りばかりの街へとその姿を変えた。近隣住区論にもとづき日常生活を支える場として計画された近隣センターは、郊外のショッピングセンターとの競争に敗れ、シャッター街となりひっそりとしている。

写真 2：予測困難な変化をもたらす震災（宮城県女川町）

一方で、東京・名古屋・大阪などの大都市では、大規模な工場跡地や操車場跡地の再開発などにより、タワーマンションの林立をはじめとした都心回帰現象も進んでいる。こうした都市再生プロジェクトによって、都市機能の大規模な更新が図られている。

　そして最後の3つ目の波は、震災や、インバウンドの急増などグローバルな環境の変化、地域の生業の変化、新たなテクノロジーの出現、事前の予見は難しいが、特異点のように生じて、まちを大きく変貌させるような変化である[写真2]。

　阪神・淡路大震災、東日本大震災、熊本地震に代表される災害に対しては、その後の各種の復興事業や人口の移動、定住の問題、そして地域を支える産業の定着など、さまざまな課題とともに、かつてのように懐かしく、そして地域らしさを醸しだすようにまちの風景を取り戻す、あるいは再構築する方法も必要だ。

　そしてCOVID-19の流行は、わたしたちの暮らしや価値観を一変させ、ソーシャルディスタンスや三密の回避など、都市で暮らす生活や都市空間のあるべき姿をも激変させた。

　インバウンドの急増によって、もはや外国人観光客が都市風景の一部となっていた駅や繁華街、観光地の様相はCOVID-19の流行で大きく変化した。各種対策の充実やCOVID-19の収束とともに、再びインバウンドの回復を見込める日も来るだろう。しかし、わたしたちはこれからもさまざまな変化のうねりに対峙していかなければならない。

　そして、いまわが国の都市をとりまく変化の波は長波、中波、短波が重なり、大きな振幅を起こし、まちの景観にも大きな変化を生み出しているように思えるのである。

■3 変化に応答する都市の行方

　都市化の世紀は終焉し、縮退の時期を迎えているなか、これらの変化を先読みし、よりよい次代の都市のあり方を展望する役割が都市計画にはあるだろう。そして、コンパクトシティがその中心的なコンセプトであり、

各地で立地適正化計画など新たな都市像の模索が進んでいる。すなわち、変化を読み取り、将来起こる未来を先取りし、望ましい都市をつくろうとする取り組みだ。到来する変化の波を先取りし、それに備えて、より良い方向へと都市を導く補助線をひくような取り組みがこれからの都市計画、都市デザインには求められている。

　国の社会資本整備審議会は「新しい時代の都市計画はいかにあるべきか。」（第一次答申（2006 年）、第二次答申（2007 年））をとりまとめている。人口減少への対応、中心市街地の再生、持続可能な都市の構築、安全・安心のまちづくり、歴史的な風土の活用をその主要な課題と捉え、これらの方向性を提示している。さらに、集約・連携型都市構造、いわゆるコンパクトシティ、コンパクト＋ネットワークといわれる都市への転換を主眼とし、つくる時代からつかう時代への本格的な転換を図ることを柱として示している。

　これからの都市計画はどのような課題に対応すべきかという点について整理すると、大きくは都市のかたちを時代に合ったかたちへと再編し、ストックを有効に使いこなし、都市の活力を生むまちづくりが重要となろう。人口減少・超高齢化社会に対応した都市を賢くたたむ（スマートシュリンク）取り組みを進めながら、都市構造の見直しや土地利用の再編、公共交通や新しい交通手段への対応、多様化する住まいへの適応、郊外ニュータウンの再生に取り組む。そして、都市縮退マネジメントとしての空き地の適正管理、河川・道路・公園を始めとする公共空間の利活用、エリアマネジメントなど新たな都市の担い手の育成を行う。さらにグローバル化、急増する外国人観光客の受け入れ、地球環境問題への対応、感染症対策を念頭に置いた公衆衛生の見直しと都市空間やライフスタイルの変化への適応を進めるなど、さまざまな分野において都市計画が展開すべき方向性を見据える必要があるだろう。また、阪神・淡路大震災、東日本大震災などの経験を踏まえ、今後起こるであろう巨大・複合災害リスクへの備えと、その後の復興のあり方も考える必要がある。

　これらの多様な潮流を見据えた景観づくりが今後求められることを念頭に置いておきたい。

第2章

営みとともにある、生きた景観

1 主体と客体から考える生きた景観

　21世紀に入ると景観まちづくりを考えるうえで「生きた」というキーワードが重要なものと認識されるようになった。「生きた景観」とはどのような意味をもつのかについて改めて考えてみたい。

「生きた」とは、時間の経過、経験の蓄積により変化または成長・衰退する過程を意味するとともに、より直接的に生命が宿るかのように生き生きとしている、躍動感があるという状態を指す。また、美術館に収蔵・展示されている展示品とは違い、現役で社会的役割を果たし、活躍しているといった意味も含んでいる。

　景観工学の草分けである中村良夫は景観を「景観とは人間をとりまく環境のながめにほかならない」と定義した[*2]。すなわち、人間をとりまく環境とは外的環境であり、ながめとは人間の内的システムを経た主観であり、その両者により成立するということを簡潔に述べている。

　われわれが景観を考えるときには、眺めの対象となる人間をとりまく環境（客体）と環境を眺める人間（主体）の両者に着目する必要がある。しかし、一般的に景観というとき、往々にして客体としての物的な空間に重点が置かれることが多い。街並みなどその空間（ハード）が特徴的である場合にはとくにその傾向は強い。眼前の視覚像に代替した二次元の写真や絵画ですら景観と捉える誤解もある。なぜこのような理解が生じているかについては、さまざまな原因があるように思うが、近代化の過程でルネサン

ス以来の古典的遠近法をベースにした西欧都市の風景観（ピクチャレスク）が輸入されたことが一因と言われる。オギュスタン・ベルクは、そのことを『日本の風景・西欧の景観』[*3] で指摘する。元来、日本の風景観は、「間」「多中心」などに代表される多様な関係性の読み取りにあり、主体と客体との相互関係に比重があった。それは自然観や自然に生かされている畏敬の念などからも察することができる。

　篠原修は、われわれが風景というとき、対象を客観視して見ることが多く、それは生活・生存と切り離された「鑑賞する風景」であるとする。すなわち、営みとして棚田を営々とつくってきた人が見る景観と、鑑賞し安易にその保存を語る人には違いがある。風景のリアリティとでもいうべき問題である。あたかも風景画を鑑賞するかのごとく、眼前の風景を客体として、「鑑賞」してしまうことを指摘している[*4]。

　事実、景観計画などの現場においてもその操作の対象はもっぱら物的な客体のあり方に終始することが多い。あたり前ではあるが、物的な対象の配置や空間だけで景観は成立しないという、根源的なところに立ち戻る必要がある。

　つまり、「生きた景観」を扱うということは、環境を眺める主体である人間により比重をおくとともに、主体・客体相互の関係性という景観の本来の概念に立ち戻る契機となろう。

　たとえば、商店街や広場のシーンを思い描いてみよう。これらが生き生きしているかどうかは、物的な空間要素のみで成立しないことは自明だ。カフェでコーヒーを飲み談笑する老夫婦、手を繋ぎウィンドウショッピングをしながら歩く恋人たち、スキップを交えた小走りをした子どもと両親など、空間を場としてくり広げられる人々の営みによって生み出されるシーンが、その景観をつくりだしている。われわれはなぜ、これらのシーンを生き生きしたものと感じるのだろうか。

❷ 生き生きしている景観とは

　景観が「生き生きしている」という感覚は、人間の内的システムを経た

主観にこそ宿る。そして、それは客観的な傍観者、鑑賞者としての感覚ではなく、自身がその景観に参加している（もしくは参加することが可能である）という存在であるときに生じる。現象学の権威であるメルロ＝ポンティのいう「両義性」であり、彼が「生きられた世界」と呼んだ主体と客体が同化した複雑な状態が、景観のあり方を考える鍵となる[*5]。「生きられた景観」とでもいうべき身体感覚が景観のもつリアリティと関わりが深い。

　自分自身が参加できる景観とは、自分はその場に居合わせ、立会い、その場を共有できることを意味する。したがって、自身を含む人々の営みや生活と切り離すことができない。いわば身体やその感覚の延長としての景観である。これは、後藤春彦らが提示した「生活景」という概念と通じる。「生活景とは、生活の営みが色濃く滲み出た景観である。すなわち、特筆されるような権力者、専門家、知識人ではなく、無名の生活者、職人や工匠たちの社会的営為によって醸成された自生的な生活環境のながめである」とし、「ここで用いる生活環境とは広義に捉えるべきもので、寝食空間にとどまることなく、生産・生業、信仰・祭事、遊興・娯楽のための空間も含むものとする。言い換えるならば、「生活景」は、地域風土や伝統に依拠した生活体験に基づいてヒューマナイズされた眺めの総体である」[*6]とする。とくに、営みの場であり、そこに参加する主体により生じる景観というところに重点がある。あるいは、近年文化財としてその価値が認められるようになった文化的景観においても「営み」によって生み出されるところにその価値の核心がある。

　すなわち、生きた景観とは、景観を成立させているさまざまな環境の変化を受けながらも「いまも生き生きとある都市やまち、場所を物語る景観」である。地理・歴史・文化、暮らし、生業などまちや地域の営みを象徴し、空間と居住者・来訪者など人々が空間を使うことで生まれる場を表現する景観である。人の営みを含むリアリティがある景観であるため、観察者・参加者らも景観の担い手として関与する性質がある。一方で、まちや地域の営みは、建物更新や土地利用の変化、あるいは社会動態、生業の変容によって変化する。これらは時代の流れのなかで緩やかに変化することもあれば、震災のように瞬間的に変化を生じさせることもある。いずれ

にしても、まちや地域をとりまく環境の変化にあっても、生き生きとした姿を継承し続ける、生き抜く姿に目を向けることは重要な要素となる。

3 生きた景観の動態性

人文地理学者の金田章裕は、文化的景観を「景観のうち特にその地域の環境に対応しつつ、歴史を通じてかたちづくられたものであり、文化そのものの一部である。文化的景観はしたがって、その地域における人々の生活と生業を物語っている」と定義している[*7]。つまり、都市であれ、集落であれ、人が住み暮らす場所には文化的景観が現れる。そして、金田は文化的景観の特性として動態性があるとし、竹富島の景観を例として挙げる。「たとえば、沖縄県竹富島は、非常に沖縄らしい景観の島として、全国各地をはじめ外国の人々も含む多くの人々を魅了している。民家の多くが赤瓦を漆喰でとめた伝統的様式の家屋と、珊瑚礁起源の石灰岩の垣根からなり、集落内の道は敢えて舗装されず、珊瑚礁起源の砂が敷かれている。石灰岩の垣根沿いには一年を通じて花をつけるブーゲンビリアが植えられていることが多く、一層「沖縄らしさ」を引きたてている。竹富のこのような集落は、20年ほど前に重要伝統的建造物群に選定されて現在に至っている。ところが、竹富島には、かつてこのような赤瓦の寄棟の立派な民家はなかった。それが出現したのは、人頭税廃止後の1905年のことであり、普及し始めたのは大正期以降のことである。それも当初は裕福な層に限られていたという。1964年の段階でも、主屋の約4割は草葺きであったという。つまり、人々は沖縄で最も好ましい様式と認識し、富の象徴であった景観を想像し、それを創造したことになる」

そこに生活する人々の営みが文化的景観であるのだから、営みの変容によって文化的景観の姿も変化し、新たに創造する側面があり、それは常に変化し続ける。生きた景観には動態性がある。

1992年にUNESCOが世界文化遺産に文化的景観を加えた。その際に文化的景観とは自然と人間の共同作品とし、自然環境と人間の営みの関係性の結果として形成されるものと定義した。そして、文化的景観の分類の

一つとして「継続する景観」を挙げている。継続する景観とは「伝統的な生活様式と密接に結びつき、現代社会のなかで活発な社会的役割を保ち、進化しながら今なお進行中の継続している景観」とされる。つまり、現役の「生きた景観」という状態に着目している。

　現状を変えない保存とは異なり、変化を許容することが生きた景観の前提となる。西村幸夫は景観における「保全」と「保存」の違いを明快に述べている。「保存」とは建造物や都市構造の文化財的価値を評価し、これを現状のままに、あるいは必要な場合には現状と同様の素材を用いた最低限の構造補強などを行って、対象の有する特性を凍結的に維持していくことを指し、「保全」とは建造物や都市構造の歴史的な価値を尊重し、その機能を保持しつつ、必要な場合には適切な介入を行うことによって現代に適合するように再生・強化・改善することを含めた行為を指す。場合によっては復元などの再建も含まれる、とする*8。すなわち「都市保全」とは、生きた都市を生きたまま、その特質を活かしながら補強再生させることであると述べている。

　まちの景観も、生きたままその特質を活かしながら、適切にマネジメントすることで、生きた景観として保全や創出が可能となる。

4　生きられた景観　復興と生きた景観

　すでに地域に良好な景観資源がある場合、それを手がかりとして景観まちづくりを進めることは当然だ。しかし、災害などによりある日突然、地域の良好な景観が喪失し、その復旧と復興に取り組まなければいけない場合もある。実際に私たちは、数多くの災害によって、こうした場面に直面してきた。

　鳴海邦碩と小浦久子の共著『失われた風景を求めて』*9 では、阪神・淡路大震災後の復興における問題を問いかけている。その被害が甚大で景観が大きく変容したことを掘り下げたうえで、被災地では「生活風景の喪失感を感じる」と同時に「再建された建物に違和感をもつ」傾向が見られ、とまどいや不安が隠せない人々に眼差しを向ける。かつての生きられ

た景観と眼前の風景とのギャップを直視する。しかし、その一方で都市は
そもそも変化するものであり、経済活動や生活スタイルの変化は、新たな
建築や都市空間を求め、その結果、都市のかたちが変わっていくというバ
イタリティも景観の価値の一つとして認めている。たとえば、新しい建築
技術や材料の開発は、これまでとは異なる建物のかたちを可能とし、ま
た、同じかたちの建物でもデザインに流行があり、それらが街並みに加わ
ることを前提としての景観づくりの必要性を指摘する。変化という意味に
おいて比較的安定している道や公共空間も、時代が求める安全性や快適さ
の基準に合わなくなれば、改変されるものである。人びとの営みの変化
は、都市のかたちを変えると指摘したうえで、時間はかかるが、もういち
ど生活文化をつくっていけば、そこに生きられた景観が再びかたちを変え
て現れるという復興のあり方を問いかけている。

5 モザイク模様化する風景と
金沢市の景観政策「こまちなみ」

いま、なぜ生きた景観という新たな価値が必要かという背景を探ると、
ある時代に確立された歴史的まちなみに代表されるようなわかりやすい
「景観のまとまり」にこだわらない景観的価値の確立が求められているよ
うに思える。バリー・シェルトンの『日本の都市から学ぶこと 西洋から
見た日本の都市デザイン』[*10] では、日本人がむしろまとまりに欠けると
思うような普通の都市空間にその個性や魅力を見出し、多様な時代の同居
がその魅力として指摘する。21世紀を迎え、平成が終わり、新たな時代
への転換にあって、ある時代にまとまって形成されたような景観がさほど
多く残っているとは考えにくい。戦争時に空襲に遭い、戦後は復興事業で
近代化された街区で、わずかに残された戦前の建築物と、戦後の復興期・
高度経済成長期に大量に供給された建築ストック、あるいはそれらが昭
和・平成を経て更新されてきたというような市街地は数多い。つまり、時
間をかけて形成されてきた歴史風土的な風景ではなく、ある種の断絶や特
異的な変化が混然とした光景がそこにある。

図4：こまちなみの区域と景観整備の概念図（金沢市）

保存地域：こまちなみとして
保存・整備を進める区域

保存建造物：区域の原風景を留める
歴史的建造物として保存する

その他の建物等：改築や修繕の際に
町並みの特徴を生かした修景を進める

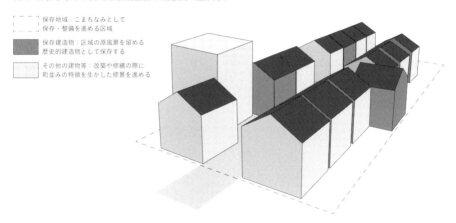

写真4：里見町のこまちなみ（金沢市）

さまざまな時代の痕跡が混在し、隣り合わせで、それらが景観を形成していることも少なくない。地層のように重なり合ったり、モザイク模様のように多様な要素が隣り合うような景観も市街地に多く現れている［図4］。

　そして、今後も継続的な更新が想定される。このようなまちの景観はどのように評価すべきか、どう扱うべきかを考える必要があるように思える。

　1994年に金沢市では「こまちなみ保存条例」を制定している。金沢の市街地、とりわけ生活空間である裏町には、まちの歴史を色濃く残したまちなみが点在しており、こうした「ちょっと良いまちなみ」を「こまちなみ」として守り、育て、その雰囲気を活かした風格あるまちづくりを進めることとしている。もちろん、一定の区域・範囲でまとまって良好な状態で保存されているものは、「伝統的建造物群保存地区」として指定するが、それほどの集積はなくとも、人々の生活空間である裏通りにひっそりと素敵な建物群が残る一角もこまちなみとして保存・修景しようとするものだ。その特徴は、こまちなみが含まれる一定の範囲をこまちなみ保存区域として指定し、そのなかにある歴史的建造物については保存し、周囲の建築物等は、現状のこまちなみの良さに合わせて修景しようとする考え方にある。

　さまざまな時代の建築物や要素が混在するなかで、どのように折り合いをつけるのかという観点では、生きた景観マネジメントの一つの解といえるだろう。

6　生きた都市、生きたまちとフィールドワーク

　都市化の世紀である20世紀に、建築家、都市デザイナー、都市計画家たちは、新たな都市や建築の計画・設計の傍らで、多くの情熱やエネルギーを費やして、フィールドワークを行った。今和次郎は日本民家のフィールドワークや都市風俗調査を行い、考現学を提唱した。伊藤ていじはデザイン・サーヴェイという方法を日本に持ち込み、法政大学宮脇檀ゼミナールと明治大学神代雄一郎研究室はわが国の伝統的な集落や空間のデザイン・サーヴェイに取り組んだ。原広司は世界の集落を調査し、気候・

風土・文化に根ざした共同体の制度が景観として現れたものを紡ぎ出した。槇文彦は日本の都市空間のもつ空間秩序として奥の思想に着目した。これらの取り組みは現在においても継続しているが、特に高度経済成長期にそのピークがあった。今思うと、戦後の復興や都市空間の近代化が西洋的論理の輸入で進むなか、その批判として、また日本風土へのアレンジ・適用の可能性というものが模索されたように思う。高まる開発圧と近代化の波、いとも簡単に喪失される歴史文化的な景観を前にして、わが国の風土性を生かした都市空間のあり方を模索する動きであった。

現代においてもこうしたフィールドワークはもちろん継続されている。佐藤滋らによる都市デザインの進め方などはフィールドワークとワークショップをもとに実践的な都市デザインの方法論を提示する。生きた景観をその対象とする以上は、絶え間ないフィールドワークは必ず付随する。

そして、現代にいたるまで変わらぬ姿勢で都市空間での人のアクティビティに着目し続けるフィールドワークの第一人者が、建築家であり都市デザイナーであるヤン・ゲールだ。彼は、建物と建物のあいだや、パブリック空間での人のアクティビティに着目し、人びとの暮らしを豊かにする公共空間のデザインを実践するとともに、パブリックライフ学という新たな学問領域を開拓した。

モータリゼーションからヒューマニゼーションへ、郊外から都心への回帰、都市刷新から都市再生といった、都市計画の転機にあって、道路空間の再配分、河川空間の利活用、公園でのプレイスメイキング、中心市街地ににぎわいを生むまちなか広場など、生きた景観、生きたまちを生み出す公共空間のデザインやマネジメント、仕掛けのあり方が大きく注目されるようになった。

かつて、J. ジェイコブズは「ある都市を思うとき、街路が面白ければ、都市も面白い」といった[11]。生きた景観を実現するには、フィールドワークにより磨かれた観察眼により、人の営みが魅力的に映える都市空間のあり方を模索し、空間をデザインすることが求められる。そして、人の居場所や関係を生むプレイスメイキングが生きた景観を生み育てる手法となるだろう。

生きた景観をマネジメントしていくうえでのサーベイや観察といった方法論はその着眼となりうる。

第3章

景観マネジメントへの展望

1 発展・成長をとげた景観まちづくりの足跡

　21世紀に入り、わが国における景観をとりまく環境整備は劇的に進展をした。2004年景観法の制定により、景観はもはや特別なものではなく身近なまちの価値として浸透した。かつては、歴史的な街並みなど良好な資源を有する都市や場所に限定されていたものが、一般的な価値として普及した。そこで初めに、わが国における景観まちづくりの展開について概括し、その流れを振り返り、整理しておきたい。

　景観まちづくりの萌芽は都市計画の黎明期に遡る。戦前期においては古社寺保存法（1897年）、史跡名勝天然記念物保存法（1919年）など、歴史的建造物や史跡、天然記念物の保存といった文化財保存の取り組みや、旧都市計画法における美観地区・風致地区（1919年）、橡内吉胤らの都市美協会（1926年）による都市美運動、都市計画家石川栄耀らによる商業都市美協会設立（1936年）などの活動が起こり、その後の「保全」と「創造」の景観まちづくりの源流を見ることができる。

　第二次世界大戦後は、戦災復興事業をはじめとする国土復興の一連の取り組みの進展や、建築基準法（1950年）、文化財保護法（1950年）などの法整備が進められたが、高度経済成長期へと時代が移ると、都市化や開発などによる破壊が問題となるようになった。1960年代に入ると、丸の内美観論争（1966年）など、新たに登場した超高層建築物の是非論争が起きた。そこで、近代建築物や地域の誇りである歴史的なまちなみが、いとも

写真4：てんしば（大阪市）

簡単に破壊されてしまう状況を目の当たりにするなか、妻籠宿保存事業
（1968年）をはじめ、これら建築物やまちなみを保存する各種活動が活発
になっていった。そして、古都保存法（1966年）などの法整備とともに、
地方自治体においては金沢市伝統環境保存条例（1968年）、京都市市街地
景観整備条例（1972年）、神戸市都市景観条例（1978年）といった景観条例
の策定が広がりはじめ、伝統的建造物群保存地区の制定（1975年）によ
り、歴史的なまちなみを文化財として捉えるようになった。

　1980年代頃からは、地域特性に応じた景観まちづくりの取り組みが始
まった。横浜市都市デザイン室（旧横浜市都市デザイン担当チーム、1971年）に
おける都市デザインの先進的な事業の展開を始め、都市景観形成モデル事
業（1983年）、広島の太田川基町環境護岸整備事業（1983年）、シンボル
ロード整備事業（1984年）など、先導的な景観形成に関わるような事業が
実施されるようになっていく。その一方で、バブル期の乱開発への懸念か

表 1：景観まちづくりの足跡

年表：1890 / 1950 / 1960 / 1970 / 1980

主な出来事・制度・仕組み

- 97 古社寺保存法
- 45 終戦
- 23 関東大震災
- 19 旧・都市計画法
- 50 建築基準法
- 64 東京五輪
- 70 大阪万博
- 68 新都市計画法
- 80 地区計画制度
- 19 市街地建築物法
- 50 文化財保護法
- 56 都市公園法
- 66 古都保存法（歴史的風土保存地区）
- 73 都市緑地保全法
- 75 伝統的建造物群保存地区制度
- 19 史跡名勝天然記念物保存法
- 68 金沢市伝統環境保存条例
- 71 横浜市都市デザイン担当チーム
- 72 京都市市街地景観整備条例
- 78 神戸市都市景観条例

景観まちづくり活動と担い手

- 75 小樽運河を守る会
- 26 都市美協会
- 66 丸の内美観論争
- 36 商業都市美協会（現 OBP 協議会）
- 68 妻籠宿保存事業
- 70 大阪ビジネスパーク開発協議会（現 OBP 協会）

都市・公共空間デザイン

- 59 魚津市中央通り商店街防火建築帯
- 67 ニコレット・モール（ミネアポリス）
- 70 中央通り（銀座地区）歩行者天国
- 72 旭川買物公園（恒久的歩行者専用道路）
- 73 江戸川区古川親水公園
- 80 イセザキモール（横浜）

景観まちづくりに関する文献

- 02 明日の田園都市（E. ハワード）
- 71 日本の広場（都市デザイン研究体）
- 27 考現学（今和次郎）
- 61 アメリカ大都市の死と生（J. ジェイコブズ）
- 24 近隣住区論（C.A. ペリー）
- 75 景観の構造（樋口忠彦）
- 31 都市美 創刊（都市美協会）
- 71 建物のあいだのアクティビティ（J. ゲール）
- 33 アテネ憲章（CIAM）
- 77 パタン・ランゲージ（C. アレグザンダー）
- 44 都市生活圏論考 —特に盛り場現象について—（石川栄耀）
- 79 街並みの美学（芦原義信）
- 80 The Social Life of Small Urban Spaces（W.H. ホワイト）

ら、地方自治体では川越町づくり規範（1988年）、金沢市における伝統環境の保存および美しい景観の形成に関する条例（1989年）、真鶴町まちづくり条例（美の条例）（1993年）など、保存のみならず、新たな景観の創造に視野を広げ、地域における独自の景観まちづくりの取り組みが広がりを見せていった。

　21世紀に入ると、2002年の都市再生特別措置法などによる、都市再生の取り組みが活発になるなか、国立マンション訴訟（2002年）や地区計画制度改正（形態、意匠、緑化）（2004年）、公共事業の景観形成ガイドライン（2005年）などとともに、景観法（2004年）が制定され、文化財制度においては文化的景観（2005年）が加えられた。これらにより、景観に関する総合的な法律である景観法を核として、こうした資源を生かした景観まちづくりの展開が広がりを見せるようになった

　その後、地方自治体における景観法に基づく景観条例の策定が広がりをみせ、2020年3月時点では、景観行政団体数は759団体、景観計画策定団体数は604団体となっている。こうした取り組みのなかには、横浜市魅力ある都市景観の創造に関する条例（2006年）、京都市新景観政策（2007年）、芦屋市景観地区（2009年）など先進的な取り組みが生まれている。

2 景観マネジメントをとりまく潮流——これまでとこれから

　21世紀に入ると、景観づくりをとりまく社会潮流は急速に大きな変化をみせるようになってきた。景観への理解の浸透、人口減少社会の到来、人中心への都市の転換、時間の経過による景観の移り変わりなど、さまざまな環境の変化によって、こうした潮流が生まれている。たとえば、景観として扱う対象の多様化や、景観づくりにかかわる担い手の広がり、まちづくりと連動した継続的な景観マネジメントなどの動きが各地の景観づくりの現場で生じている。また、こうした景観づくりの広がり、多様化という流れとともに、中心市街地活性化や都市のにぎわいづくりなどのまちづくり活動との関係が密接になり、一体的に取り組む事例も見られるようになってきた。そこで、これまでの景観づくりをとりまく大きな流れから、

これからの潮流について整理しておきたい。

1 — 景観資源の広がり——歴史文化、戦後ストック、公共空間と場づくり

　地域の景観資源として捉える対象が広がりをみせている。まつりや行事など地域の歴史文化による有形無形の資源を景観づくりの手がかりとした取り組みや、戦後の建築ストックなども地域を代表する資源として積極的に活用する例も各地でみられるようになってきた。

　また、景観施策の発展・充実とともに、いわゆる建築物、工作物や屋外広告物の規制誘導を主体とした景観コントロールに加え、景観づくりの実践ともいえる都市の魅力的な景観を生む取り組みが広がっている。

2 — 都市再生や中心市街地のにぎわいづくりに向けた取り組みの広がり

　中心市街地においては、まちづくり三法の改正（2006年）以降、シャッター商店街や空き店舗など空洞化する市街地に対し、まちのにぎわいづくりとその景観形成などの取り組みが活発化し、富山グランドプラザ（2007年）などまちなか広場の整備・運営が全国的に広がりを見せている。まちのにぎわいや人通りは、勝手に生じるものではなく、空間の質やマネジメントによって戦略的に生み出すべきものへとその意識が変わってきた。

3 — つくる時代からつかう時代へのシフト——マネジメントへの移行

　成熟社会への移行のなかで、建設や開発に軸足を置いた、いわば「つくる時代」から、ストックが充足し管理・運営中心の「つかう時代」へとシフトした。地域の価値を維持・向上させる持続的な活動であるエリアマネジメントの取り組みも各地で広がりを見せ、大手町・丸の内・有楽町地区まちづくり協議会（旧再開発推進協議会から継承）、グランフロント大阪TMO（2012年）など、エリアマネジメント活動の一環として景観まちづくりに取り組む動きも進んでいる。また、まちとしての価値を維持・向上する一環として、イベントやオープンカフェなどのシーンの演出、広告物や路上設置物、デジタルサイネージ、イベントバナー、テナントの設置するファニチュアやポップに至るまで、エリアマネジメント団体がデザイン協議の

仕組みを運営する取り組みも見られるようになった。

4 – 震災を乗り越えた復興のデザイン──景観の復興とまちづくり

　東日本大震災（2011年）や熊本地震（2016年）などの災害によって失われた地域の良好な景観をどのように復興していくかという取り組みもかたちが見えてきている。災害を乗り越え、高台移転、集落の再配置、中心市街地の再整備などが進むなかで、女川町復興まちづくりデザイン会議（2013年）や大船渡駅周辺地区景観づくりガイドライン（2017年）など、各地の自然や歴史文化を読み取りながら、復興が進む新たなまちづくりや公共空間のデザイン、そして人々が集う場づくりなどを一体的に捉えた景観復興が進んでいる。

5 – 継続的にまちづくりや景観づくりに関わる担い手の多様化

　景観まちづくりにかかわる対象の広がりや担い手の拡大といった変化に対応するように、景観や都市デザインの創造的なコントロールをトータルでコーディネートを行う主体として、アーバンデザインセンターが各地で設立されるようになった。柏の葉アーバンデザインセンター（UDCK）（2006年）を第一号として、続々と各地に設立が続いており、多様な景観マネジメントの主体が生まれている。開発段階のみならず、管理運営段階においても景観マネジメントに継続的にかかわる主体が位置づけられている。

　また、商店街の空き家をリノベーションなどにより有効活用し、まちなみの再生に取り組むリノベーションスクール＠北九州（2011年）の開始や、歴史的な街並みなどの保全活用に取り組む月島長屋学校（2013年）など、場所や地域に根づいて、さまざまな主体や関係者を巻き込みながら、具体的なプロジェクトや都市デザインの実践を通じ、春夏秋冬、朝昼晩、平日休日と移り変わる風景を生む継続的な活動を行う担い手が定着してきた。

6 – 人中心の都市を目指した公共空間の利活用・再編

　公共空間では、河川占用の特例措置など公共空間利活用の柔軟化の動き

が広がりをみせ、とんぼリバーウォーク（2004年）、広島市京橋川水辺の
オープンカフェ社会実験（2004年）、水都大阪2009（2009年）などが展開
され、多様で魅力的な景観を生む器としての公共空間デザインや利活用が
進んだ。2010年代に入ると、都市再生や中心市街地の回遊性の向上、人
中心の都市を目指した公共空間の利活用・再編が広がりを見せるように
なった。道路や公園での取り組みでは、四条通歩道拡幅事業（2015年）、
てんしば（2015年）[写真4]、南池袋公園（2016年）、KOBEパークレット
（2016年）、かわてらす（LYURO東京清澄）（2017年）など都市を象徴する公共
空間に人々がたたずめるような印象的な景観を生む場づくりの動きが活発
になっている。道路をはじめとする公共空間が、時代の要請に応じてその
役割をシフトさせ、都市に求められる多様な役割や人々の日常にとって欠
かせない魅力を持つ場へと変貌させていくための取り組みやその仕組みづ
くりが広がりを見せている。

　また、こうした人々の多様な利用を実現する場の出現によって、景観を
構成する要素に人々のたたずむ風景やカフェの椅子やテーブルなど多様な
対象も加わって、その演出や設えに気を配るようになった。

7 ‒ 人口減少社会における空洞化やつくらない景観への対処

　その一方で、人口減少社会の課題ともいえる都市の空洞化により生じ
る、空き家・空き地、耕作放棄地などの荒れた景観の出現が各地で見られ
るようになり、その対処への取り組みが広がった。和歌山県景観支障防止
条例（2012年）、月島長屋学校、つるおかランド・バンク（2013年）、空家
等対策の推進に関する特別措置法（2014年）などの取り組みも広がってお
り、まちに生じる空き家や空地の適正管理によって変わりゆく景観への対
処、いわゆるつくらない景観への対処を進める取り組みも始まっている。

8 ‒ 社会実験など活動へと展開する景観づくりのプロセス

　こうした潮流の変化のもとで、魅力的な都市の実現や、プレイス・メイ
キングやタクティカル・アーバニズム、ストリート・マネジメントなど、
都市を魅力的に変えていくための方法論や運動、アプローチ自体にも変化

が生じている。たとえば、21世紀に入ると、道を自動車が主役の場から人中心の場へと転換させる道路空間の再配分の取り組みが注目を浴びるようになった。これまでは、もっぱら集中する交通を捌くことを目的としていた空間を人中心の場へと転換させることで、よりよい都市空間の実現を目指す具体的な方法論が探られるようになった。ゲリラ的活動から社会実験に至るまで、多種多様なトライアルを通じた将来像の検証と可視化によって、次第にあるべき都市の姿をステークホルダー間で共有するようなプロセスや活動論に、人々の共感と関心が寄せられるようになった。

　21世紀における都市空間は人々が生き生きとして営まれる人生の舞台としての役割を担うようになり、単一的な機能を提供するだけの都市空間から、より複雑で多様なアクティビティやシーンが生み出される場となった。このような、人々のアクティビティと空間によって生み出される都市風景のあるべき姿やマネジメントのあり方、刻一刻と変化するようなシーンマネジメントも景観づくりの扱うべきテーマになった。

3　変わるまちに適応した景観政策のあり方とは

　まちが大きく変化を遂げようとしていれば、そのことは明瞭に可視化され、人々に認識される。都市の空洞化や耕作放棄地の増加など都市空間の変容は、空き地、空き家、雑草の生い茂る農地など、わかりやすくシーンとして現れる。

　景観法に基づく景観計画は、地域固有の景観保全に対応可能な柔軟性がその特徴として挙げられる。つまり、行為の制限対象について自由に定めることが可能で、各地の景観的な課題に即してかなり柔軟に対処できる。実際の活用例ではいわゆる野積みと呼ばれる物品の堆積に関する制限や、山並みや特定の眺望点からの眺望保全など、地域独自の景観形成にかかわる基準の設定、広域的な景観形成にかかわる協議会の設置など、さまざまな取り組みも各地で進んでいる。

　しかしながら、景観計画の届け出は建築物あるいは工作物が建つ（または改修）ことを前提としている。すなわち、建築物や工作物が「できる」

時点ではそれなりに効力をもつが、「できない状況」においては、なかなか手の出しようがない。つくらない景観への対処という課題である。たとえば、これまで守られてきた良好な街並み景観も、建物が解体撤去され空地や駐車場になることや、所有者不明のまま朽ち果てた建物が街並みとの関係上問題となっていても、現行制度はあまり良い解決方法を持ち合わせていない。

　わが国が抱える都市の行方を念頭においた時、良好な景観を保全（維持）するための手法の確立は重要な課題だ。

❹ 次代の景観まちづくりへの視座

　景観まちづくりは、これからとのような課題に対処する必要があるのだろうか。

　たとえば、その一つを挙げてみたい。グローバル化や消費社会化の影響によって、均質化した景観を批判する意見だ。バルセロナの都市研究者であるフランセスク・ムニョスは『俗都市化 ありふれた景観グローバルな場所』において、景観の均質化に対し、痛烈な批判を展開する。

　全国の景観まちづくりにおいても、地域らしさ、個性、場所性といったキーワードがどこでも多用される一方で、本当の意味での地域性や場所性が失われているという指摘も根強い。たしかに、ショッピングモールのようにこぎれいで整い、清潔な街並みや空間が広がり、似通った景観が並び、真の意味での地域性や個性を生む景観形成には程遠い状況があるのも事実だ。

　こうした問題に立ち向かうには、景観をつくる源泉となる経済活動との関係から、景観をつくる主要な要素となる建築物や公共空間のつくり方に至るまで、そのあり方を根本から問い直す必要があるだろう。グローバルなレベルで広がる経済活動や規格化の流れに対して、地域らしさや個性となる景観を生み、育てる着眼点や方法論が求められている。

　2015年に、「日本らしく美しい景観づくりに関する懇談会」が、報告書を作成した。この懇談会は、2004年に景観法が制定されて10年が経過

したのを機に、景観法の活用実態を踏まえつつ、今後の中長期的な景観政策のあり方を横断的に点検・検証することを目的としている。「創出」と「保全」の両面からテーマを設定してそのあり方を検討している。「創出」については、都市を象徴する風景（キー・スケイプ）の形成のあり方、都市構造集約化に当たっての景観施策のあり方、「保全」については、まち並み景観を生きた資源として保全する方策のあり方、富士山などの広域景観資源のあり方などが主要テーマとして設定された。これらに実践的に取り組む事例などを参照しながら、懇談会は大きく4つの論点を提示した。

論点1：広域景観の形成
論点2：創造的な景観協議の推進
論点3：景観を資産として捉えることによる地域価値の向上
論点4：景観マネジメントにおけるさまざまな課題

　特に、地域価値の向上や景観マネジメントへの取り組みが取り上げられている点が、次代の景観まちづくりを展望する鍵となる。地域の景観は、地域の既存の営みを守ることや、住民が身近な空間の景観を自ら管理することなどにより新たな価値を生み、地域の誇りへと繋がる「良き循環」へ繋げる重要性を挙げている。そのためには、荒廃した建築物や工作物の除却、空き地の緑化などの「つくらない景観」の視点の重要性も指摘している。また、つくる時点での届け出、協議のみならず、日々生まれる新たな課題に適切に対処する景観マネジメントを行うことや、官民連携によるエリアマネジメント、第三者機関による審査・誘導により、良好で地域に即した景観の誘導や、都心部における新たな都市景観の創造について周辺の関係者と適宜協議しながら進める中長期的な景観マネジメントなど、新しい制度や仕組みのあり方についても触れている。

5 京都市の景観政策の「進化」

　地方自治体においてもすでに、時代に適応した景観づくりの取り組みが始まっている。2007年から京都市は京都の優れた景観を"守り"、"育て"、"創り"、"活かす"ために新景観政策を導入した。新景観政策は5つの柱（❶建物の高さ、❷建物のデザイン、❸眺望景観や借景、❹屋外広告物、❺歴史的な町並み）とその支援策で構成される。市街地のほぼ全域できめ細かな建物の高さ規定を定めた京都市眺望景観創生条例（2011）により、眺望景観・借景の保全を図り、日本一厳しいといわれる屋外広告物基準を定めた。加えて、京都の伝統的な建築様式と生活文化を伝える京町家などにより構成される歴史的町並み保全・再生に向け、指定制度の活用による外観の修理・修景助成も展開し、マンション建替支援、京町家支援などの各種支援制度も充実させ、全国的にも先駆的な取り組みとして注目を浴びた。

　その後も施策を充実させ、京都市景観デザイン協議会（現：京都市景観デザイン会議）の設置（2007）、景観政策検証システム研究会の設置（2008）、地域景観づくり協議会制度の創設（2011）、デザイン基準の充実など景観政策の充実を進めている。

　新景観政策の策定当初から時代とともに刷新を続ける「進化する政策」であることを目指し、継続的に政策を見直すこととし、2017年には、新景観政策10年を経た各種の検証や対話を実施し、景観政策のあり方を展望した成果を「新景観政策10年とこれから」というレポートにまとめている。

　そのレポートのなかで「これから」を展望する論点として、❶都市の活力を生み出す景観、❷コミュニティと景観まちづくり、❸景観を紡ぎ出すデザイン、❹景観・文化の継承と創造、という4つの主題を挙げている。観光と景観との関係性から、新たな景観の創造に向けた取り組みの充実を図ることや、学区やエリアマネジメント主体など新たな自治の枠組みとその活動や市民の営みが生む景観づくりへの展開、市民が育ててきた京都の風土・文化とともにある風物を生かすという感受性を守るという思想、景観の背後にある都市活動のバイタリティにも裾野を広げるなど、景

観政策の次なる展開に繋がる幅広い議論を展開している。そして 2017 年には京都の景観の地模様をなす京町家を保全・継承するため、京都市京町家の保全及び継承に関する条例〔京町家条例〕を制定し、町家が取り壊される前に協議や事前届け出をし、保全・継承に向けた支援政策を導入した。

6 景観マネジメントへの展開へ

　以上のように、景観づくりは、「保全」か「創造」から、「保全」と「創造」が「共生・共存」し、新陳代謝を繰り返しながら、都市の価値や活力を生み、重要な歴史や文化を継承する景観づくりとともに、つくらない景観にも配慮した、継続的に景観をマネジメントしていく「状態コントロール」へと移行していくことが想定される。

　そして、その実現手法については、これまでの景観施策の中心であった景観計画による届け出や基準に基づく誘導といった方法のみならず、つくらない景観への対処、多様な担い手の参画、都市を象徴する風景の創出、時間や季節により移り変わる景観の演出など、多様な領域への広がりが想定される。

第4章

生きた景観マネジメントの実践に向けて

0 生きた景観マネジメントの提唱

　本書は、21世紀という時代の潮流にあって、これからの景観のあり方そして景観からのまちづくりを展望するときに手がかりとなる概念として、生きた景観マネジメントを提唱する。

　生きた景観マネジメントとは、時間の経過、経験の蓄積により変化または成長・衰退する人々の営みの動態性に着目した手法である。また、環境の眺めの対象としての客体のみならず、眺めの主体である側の人間に着目し、人々が主体的に参画・関与するものとして眺めを捉える。人々の営みの舞台となる景観が生き生きしていることを重要視し、それらを生み育てるための継続的なマネジメント、すなわちつくるだけでなく使うことも含み、かつ物質的な空間のみならず、風景に参加する人々も交えたものとして景観を捉えていくことのあり方を模索するものである。

　生きた景観マネジメントとは、景観づくりにおける新たな概念を提示するとともに、まさに今という時代の急速な変化に対してしなやかに適応しながら、これからの都市とその景観のあり方を構想するものである。まちや地域の再生という課題に応答する手段として、いわば景観からのまちづくりを提案する。景観まちづくりにおける方法論の拡張を提示することで、都市づくりにおける景観の意味や価値を問い直すきっかけとしたい。

　つくられた都市空間が景観を生むというハード整備に軸足を置いたこれまでの発想を転換し、結果として生じる生きた景観のあらわれから将来の

都市のつくり方、使い方を展望し、そのための生きた景観マネジメントを中心に据えた取り組みを提案する。「生きた景観」を生み・育てる「マネジメント」が、そのきっかけになると考える。

1 あらわれとしての生きた景観＝空間＋営み＋支える仕組み

　本書は生きた景観マネジメントについて、「あらわれとしての生きた景観」に焦点を当てる。すなわち、❶「空間（場所）」＋❷「（人々の）営み」、それらを生み育てる❸「支える仕組み」の3つが生きた景観を生む要素と考える。

　人々の営みや、空間や場所の管理運営、デザインガイドラインなどのルール、景観マネジメントの仕組みなど、多様な要素があって初めて成立する。生きた景観マネジメントは、表出する景観のみならず、その背景にある生きた景観が生まれる条件や環境に目を向ける必要がある。

　たとえば、広島市太田川の水辺を例に見てみよう［写真5、図5］。「さんさんと太陽が降り注ぐ休日の午後、緑あふれる水辺では、多くの人が集まりピクニックをしている。水上には雁木タクシーが行き交っている。背後には山並みが広がり、川べりには広島のゆったりとした街並みが広がっている。思わず立ち止まり、近寄ってみたくなるような生き生きとした風景が眼前に広がっていた」というような形容であろうか。

　このような景観体験を通じて、私たちは広島の人々にとって、水辺はその営みを豊かにしてくれる存在であることに気づくが、この風景は、「あらわれとしての生きた景観」を入り口に、それを生む人々の営み、営みを受けとめて育む空間、そしてそれらを可能にする支える仕組みによって成立している。

　広島の事例では、戦災復興の総決算として取り組まれた水辺の景観設計（河川空間の整備事業）を機に、水辺を愛する人々の活動が広がりを見せはじめる一方で、水辺の景観を魅力的にする景観誘導の仕組みが構築され、河

水の都ひろしま構想
（全体構想）
水の都ひろしま推進協議会
（推進組織）

日常の河川空間利用

ポプラ・ペアレンツ・クラブなど
水辺を利活用する人々（清掃、映画祭等）

雁木組による水辺タクシー運行

水辺の景観設計
（親水象徴、アクティビティを想定したデザイン）

広島市景観計画（リバーフロント地区）
事前協議制度

河川占用許可準則（オープンカフェ等）

写真5：広島の水辺における生きた景観マネジメントの実践例として生まれた豊かな水辺の風景
（中原康祐氏撮影の写真をもとに筆者が加工）

図5：広島の水辺における生きた景観マネジメントの実践
あらわれとしての生きた景観と営み・空間・支える仕組み

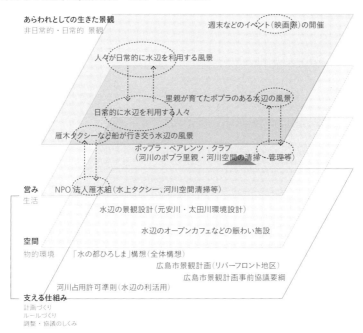

あらわれとしての生きた景観
非日常的・日常的 景観

週末などのイベント（映画祭）の開催

人々が日常的に水辺を利用する風景

里親が育てたポプラのある水辺の風景

日常的に水辺を利用する人々

雁木タクシーなど船が行き交う水辺の風景

ポプラ・ペアレンツ・クラブ
（河川のポプラ里親・河川空間の清掃～管理等）

営み
生活

NPO法人雁木組（水上タクシー、河川空間清掃等）

水辺の景観設計（元安川・太田川環境設計）

水辺のオープンカフェなどの賑わい施設

空間
物的環境

「水の都ひろしま」構想（全体構想）

広島市景観計画（リバーフロント地区）

広島市景観計画事前協議要綱

河川占用許可準則（水辺の利活用）

支える仕組み
計画づくり
ルールづくり
調整・協議のしくみ

川法の改正などにより、河川占用許可準則を利用した水辺のオープンカフェなど、水辺に開いた建造物の利活用が広がるといった流れで、水の都・広島にふさわしい生きた景観が生み出されるようになった。

　本書では、「あらわれとしての生きた景観」という枠組みに添い、生きた景観マネジメントを扱う。

② 本書の対象者

　生きた景観マネジメントを実践するには、景観として扱う対象の広がりや担い手の多様化、継続的なマネジメント、さらには日頃のまちづくり活動との密接な連携が必要不可欠となる。そこで、本書では次のような人々を読者対象として想定している。

● **景観行政を担当する行政職員にとって**

　広がりをみせつつある生きた景観マネジメントの実践の現場を知り、新たな景観づくりの制度・仕組みの構築や運用の工夫を通じて、景観まちづくりを地域の活性化に生かす。

● **人口減少や空洞化、災害復興などの現場で**
　まちづくりに取り組む人々にとって（行政、地域の人々、コンサルタントなど）

　空き家、空き地、空き店舗、耕作放棄地などの荒れた景観を改善した事例を知り、つくらない景観への対処・方策に取り組み、まちや地域の活性化へとつなげる。

● **中心市街地活性化などまちづくりに取り組む人々や**
　エリアマネジメント主体（商店街、事業主、地域の人々など）

　建築物や屋外広告物、公共空間のデザインなどによるまちなみ景観の質の向上、広場などの公共空間でのイベント、オープンカフェなどの利活用、継続的なデザインマネジメントによる地域活性化や地域価値を向上させる取り組みに役立てる。

● 歴史的なまちなみや地域の生業や文化を色濃く反映した風景の保全と
　継承に取り組む人々（事業者、地域コミュニティなど）

　建築物やまちなみの外観的な保全のみならず、その背後にある歴史文
化、祭りなど地域の伝統行事、それらを支える地域コミュニティや地域シ
ステムなどを時代に合わせながら継承する方策に取り組む。

● 生きた景観マネジメントの理論や手法、実践例を学ぶ専門家や学生

　建築、土木、都市計画、ランドスケープ、都市デザインなど従来から景
観やまちづくりとの関わりが深い分野に加え、商学、社会学、経済学、心
理学、芸術学など幅広い専門分野から多様な立場で地域の活性化などに関
心を持って学んでいる専門家や学生が、生きた景観マネジメントについて
知り、学ぶ。

3 本書の構成

　本書は全国各地の景観まちづくりの現場で教育研究やフィールドワーク
に取り組む研究者・実務者による豊富な事例を通じて、生きた景観マネジ
メントの着眼点を提示し、充実した景観づくりやまちづくりの参考となる
ような使い方を想定している。

　本書は大きく3部の構成としている。
「第Ⅰ部 生きた景観マネジメントへの視座」（第1章〜第4章）は、これま
での景観まちづくりをとりまく環境の変化や、生きた景観マネジメントと
は何かについて解説している。それらを踏まえ、生きた景観マネジメント
を、「空間（場所）」＋「（人々の）営み」、そして、それらの生きた景観を生
み、育てる「支える仕組み」から生まれる「あらわれとしての生きた景
観」という枠組みとして捉える基本的な考え方を整理している。
「第Ⅱ部：生きた景観マネジメントの実践」（第1〜14節）は、各地での
生きた景観マネジメントの実践事例を紹介しながら、「空間（場所）」、
「（人々の）営み」、「支える仕組み」の関係や展開のプロセス、有効な成果

を生んだ主たる要因などについて述べている。

第II部は大きく4つの構成に区分している。

1 — 資源編：生きた景観を生む魅力的な資源に着目する（第1〜3節）

歴史的な街並み、建築物、祭礼など地域が育んできた文化を基盤とした生きた景観や、地域の人々によって利活用されてきた公園などの公共空間で生まれる景観、住民主体の活動のなかで育み受け継がれてきた資源を生かしつつ形を変えながら受け継いでいく取り組み、時間や季節の変化の中で生まれるようなまちなか広場のマネジメントなど、「あらわれとしての生きた景観」を生む手がかりとなる資源に着目する。

2 — 主体編：生きた景観を生み、育て、受け継ぐ（第4〜6節）

地域コミュニティ、まち衆といった伝統的な主体による取り組みや、まちなか広場などの公共空間の管理運営、広場をとりまく多様な人的ネットワークの形成など、生きた景観を生み育てる主体、担い手に焦点を当てる。

3 — 変化編：直面する変化を乗り越える（第7〜10節）

人口減少、中心市街地の空洞化、過疎化など日本の都市がいま迎えているさまざまな変化、まちづくりの現場が直面している課題にみる生きた景観マネジメントに着目する。空き地や空き家など衰退するまちの景観マネジメント、災害・震災などまちを突如襲う急激な変化からの再生の取り組みや、近年急増しているインバウンドなど観光客の増加による地域の環境変化に向き合う取り組み、都市空間の再編など都市空間の再編を通じて、生きた景観を生み出すための取り組みなどをレビューする。

4 — 地域経営編：持続可能な地域経営への展開（第11〜14節）

地域まちづくりの活性化への再生軌道を描く総合的かつ持続可能な地域経営の取り組みを通じ、生きた景観マネジメントの応用的展開を示す。

「第III部 提言：生きた景観マネジメントに向けて」（第1章〜第3章）は、

各地での取り組みを実装、活性化していくための提言をとりまとめている。

4 6つのインデックス（3＋3）
——資源／主体／変化／アクション／制度・仕組み／立地

　II部の各節で扱う内容は、「資源」「主体」「変化」「アクション」「制度・仕組み」「立地」の6つのインデックスに整理している［図6］。前述した、「資源」「主体」「変化」に加えて、「アクション」「制度・仕組み」「立地」についても区分し、それぞれの取り組みを整理している。読者のみなさんが参考とする際の目安として活用いただきたい。
「アクション」は、あらわれとしての生きた景観の魅力を発見したり、その共感を広げ、価値を高めるような働きかけ、仕掛け、挑戦を指す。たとえば、新しい空間をデザインしたり、空き家をリノベーションするというような空間的なしつらえに関わるような仕掛けもあれば、人と人との繋がりを生むようなきっかけづくり、あるいは応援者へメッセージを伝える機会としてのイベント、生きた景観を可視化するような社会実験なども含ま

図6：生きた景観マネジメントの実践事例の枠組み

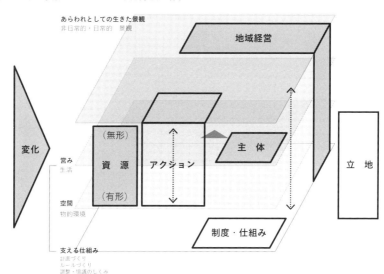

れる。

「制度・仕組み」は、生きた景観マネジメントを成り立たせている計画や
ルール、調整・協議の仕組みなどを示している。

「立地」については、大都市や地方都市、歴史的街並みを残す市街地、集
落地、農地など多様な場所を扱うことを心がけた。

注釈

1　「国土の長期展望」中間とりまとめ（2011年2月21日）国土審議会政策部会長期展望委員会
2　中村良夫『風景学入門』中公新書、1982
3　オギュスタン・ベルク『日本の風景・西欧の景観』講談社現代新書、1990
4　篠原修「庶民文化財の再発見と景観形成の起爆剤（基調講演）」『文化的景観研究集会（第3回）
　　報告書 文化的景観の持続可能性―生きた関係を継承するための整備と活用―』奈良文化財研究
　　所、2011
5　モーリス・メルロ＝ポンティ著、竹内芳朗、小木貞孝訳『知覚の現象学』みすず書房、1967年
6　日本建築学会編、後藤春彦ほか著『生活景』学芸出版社、2009
7　金田章裕「生きたシステムとしての文化的景観」『文化的景観研究集会（第2回）報告書 生きた
　　ものとしての文化的景観―変化のシステムをいかに読むか―』奈良文化財研究所、2010
8　西村幸夫『都市保全計画』東京大学出版会、2004
9　鳴海邦碩、小浦久子『失われた風景を求めて』大阪大学出版会、2008
10　バリー・シェルトン著、片木篤訳『日本の都市から学ぶこと 西洋からみた日本の都市デザイ
　　ン』鹿島出版会、2014
11　ジェイン・ジェイコブズ著、山形浩生訳『新版 アメリカ大都市の死と生』鹿島出版会、2010
12　フランセスク・ムニョス・ラミレス著、竹中克行・笹野益生訳『俗都市化――ありふれた景観
　　グローバルな場所』昭和堂、2013

参考文献

・社会資本整備審議会答申「新しい時代の都市計画はいかにあるべきか」2006（第一次答申）、2007（第
　二次答申）
・日本らしく美しい景観づくりに関する懇談会「日本らしく美しい景観づくりに関する懇談会報告
　書」2015
・小林重敬、森記念財団『まちの価値を高めるエリアマネジメント』学芸出版社、2018
・出口敦・三浦詩乃・中野卓編著『ストリートデザイン・マネジメント』学芸出版社、2019
・園田聡『プレイスメイキング アクティビティ・ファーストの都市デザイン』学芸出版社、2019
・京都市『新景観政策 10年とこれから』京都市、2019
・今和次郎『考現学入門』ちくま文庫、1987
・明治大学神代研究室、法政大学宮脇ゼミナール『復刻 デザイン・サーヴェイ―『建築文化』誌再
　録』彰国社、2012
・原広司『集落の教え100』彰国社、1998
・ヤン・ゲール著、北原理雄訳『人間の街 公共空間のデザイン』鹿島出版会、2014
・ヤン・ゲール、ビアギッテ・スヴァア著、鈴木俊治・髙松誠治・武田重昭・中島直人訳『パブ
　リックライフ学入門』鹿島出版会、2016

第 II 部

生きた 景観マネジメントの 実践

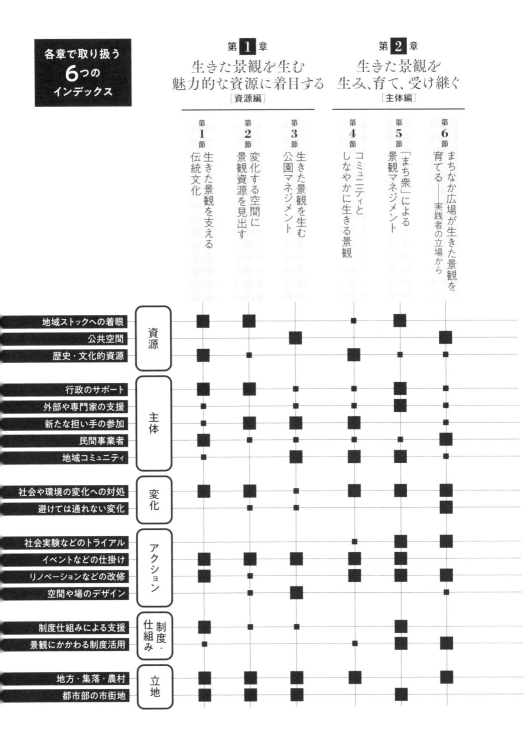

第 3 章
直面する変化を乗り越える
［変化編］

避けられない変化を乗り越える

第7節　空洞化・衰退するまちの景観マネジメント

第8節　災害復興と地域になじむ景観マネジメント

社会や環境の変化に対応する

第9節　公共空間の再編と生きた景観

第10節　営みの変化と生きた景観——観光に着目して

第 4 章
持続可能な地域経営への展開
［地域経営編］

第11節　生きた景観から考える地域の持続可能性

第12節　エリアマネジメントによる生きた景観

第13節　持続可能なエリアマネジメントと生きた景観

第14節　生きた景観マネジメントによる空間の再編

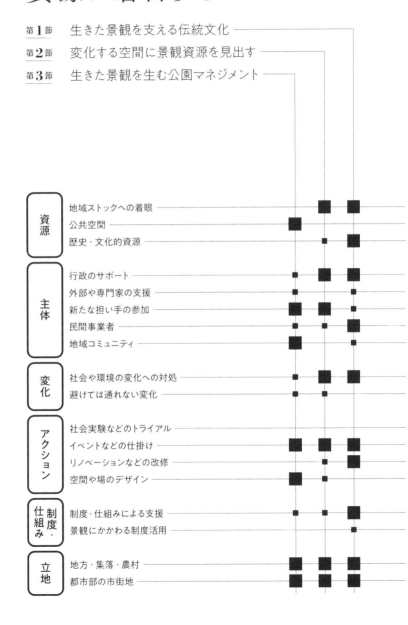

第**1**章 # 生きた景観を生む魅力的な資源に着目する［資源編］

第**1**節 生きた景観を支える伝統文化

第**2**節 変化する空間に景観資源を見出す

第**3**節 生きた景観を生む公園マネジメント

資源
地域ストックへの着眼
公共空間
歴史・文化的資源

主体
行政のサポート
外部や専門家の支援
新たな担い手の参加
民間事業者
地域コミュニティ

変化
社会や環境の変化への対処
避けては通れない変化

アクション
社会実験などのトライアル
イベントなどの仕掛け
リノベーションなどの改修
空間や場のデザイン

制度・仕組み
制度・仕組みによる支援
景観にかかわる制度活用

立地
地方・集落・農村
都市部の市街地

第 **1** 節

生きた景観を支える伝統文化

　歴史的町並みや農山漁村の景観は、地域の生業や祭礼、年中行事、風物詩などの伝統文化によって支えられている。一方で、急激な社会環境の変化により、喪失の危機にある地域の伝統文化も少なくない。人々の営みや都市空間が大きく変容するなかで、それでも住民や市民がさまざまな工夫を講じ、地域の伝統文化を継承・維持することに努め、生き生きとした景観を支え続けている事例も見られる。変化に対応しながら歴史的町並みや農山漁村の生きた景観を継承している事例において、それぞれの生きた景観マネジメントの実態を概観する。

1 祭礼文化の継承・活用が支える生きた景観
──富山県南砺市城端

1 – 城端曳山祭の文化が生きる歴史的町並み

　南砺市 城端 は、富山県南西部に位置する歴史的市街地である。2つの河川に挟まれた舌状の台地の上に、真宗大谷派城端別院善徳寺を中心とした寺内町が形成された。五箇山で生産された生糸を用いた絹の製造で栄え、現在も地区内に多様な絹産業遺産が残る。城端で生産された絹は、金沢を経由して京都や江戸に輸出されたとされる。そして、この取り引きは城端に都市の文化を持ち込むことにつながった。絹産業を通して得られた繁栄と都市文化の流入が、城端曳山祭の誕生と発展を支えた。城端曳山祭の特徴は、豪華絢爛な曳山と一緒に、京都や東京の茶屋・料亭建築などを模した庵屋台が巡行する点にある。庵屋台の中には町の若衆が入り、三味線と笛で江戸端唄の流れを汲む庵唄を披露する。住民たちは伝統的な町家の前面部分を開放し、正装で庵唄を聴く。これを庵唄所望と呼ぶ。歴史的町並みと曳山と庵屋台が織りなす空間に、住民たちの伝統芸能と所望の装

写真1：庵唄所望を待つ様子
住民は正装して、庵屋台と曳山の到
着を待つ。町家の前面は開け放つこ
とができるようになっており、幔幕
や提灯を中間領域に置いて、都市と
建物内部とが一体となった景観が構
成される

写真2：曳山と庵屋台の巡行
城端曳山祭の特徴は庵屋台
（手前）と曳山（奥）が、対
となって巡行する点にある。
庵屋台の中には若衆が入り、
三味線や笛などを用いて庵唄
を披露する

いが映える。これが京都や東京とのつながりを持って育まれてきた、城端
の生きた景観だと言える［写真1・2］。

2 – 生きた景観を支える伝統文化の変化

　城端の住民生活は曳山祭を中心に動いている。たとえば、曳山祭のため
に早い時期から庵唄の寒稽古が始まる。住民は笛や三味線を嗜み、各家に
は袴や着物がある。建物は、新築の場合も伝統的な建築様式が意識され、
景観計画や地区計画が定められていない地区であるにもかかわらず、町家

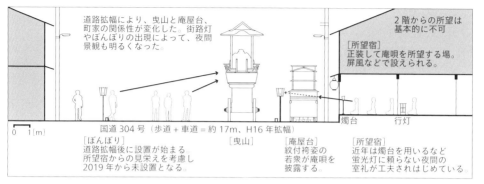

図1：拡幅後の国道304号線における曳山（作成協力：前佛泰志氏）
道路拡幅がなされた国道304号線沿いには、新たに建てられた町家風の建物と曳家された歴史的な
町家が混在する。拡幅によって曳山・庵屋台と町家の関係、通りの照明の状況などが大きく変化した
が、その中でより良い所望空間の形成を目指した試行錯誤が続けられている

型の住宅が建てられつづけている。このような生活に溶け込んだ伝統文化
が、曳山祭の舞台を維持することにつながっている。また、祭礼時の室礼
についても幔幕や提灯、屏風などの道具が各家庭・町内に準備されてい
る。衣と住において常に祭事の文化が意識され、生きた景観を支えてき
た。ところが、近年、この伝統文化を取り巻く環境は大きく変化した。
2004（平成16）年に地区の中央を走る国道304号線が拡幅され、多くの町
家が解体されたのが代表的な例である。この沿道では建築物の基準が作成
されて町家風の建物が再建されたが[*1]、街路空間と庵唄所望の空間は大き
く変容した[*2][図1]。また、曳山祭の舞台となる歴史的町並みが、空き家
の増加に伴う取り壊しで消失しつつある。さらに、所望宿として開かれな
い町家も増えている。城端の生きた景観と、これを支える伝統文化をいか
に維持するかが問われている。

3 – 伝統文化を生かし、生きた景観を守る

　こうした危機感から、城端における空き家再生の取り組みが始められ
た。城端の空き家再生の特徴は、東京などの都市部から応援団を招く点と
生きた景観を支える伝統文化をアピールポイントとする点にある。住民有
志により、2010（平成22）年から伝統文化に関心の高い人たちを曳山祭に

招待する取り組みが始められた。本来であれば、庵唄の所望は住民とその親族や知人のみしか参加できない。これを、地域外の人に体験してもらう取り組みを、空き家を活用して実施するものである。以前より、城端では観光所望として地域外の人を招く実績があったため[*3]、この取り組みを受け入れる土壌があったと考えられる。その後、住民有志は空き家を1棟購入し、じょうはな庵として再生し、この取り組みを本格化した。最も多い時には50名以上の人が集まり、庵唄所望や住民との交流を通して、城端の応援者を増やしていくことを地道に着実に継続してきた。

　空き家再生の取り組みが大きく進んだ転機は、2014（平成26）年度末の

写真3：再生前の荒町庵
張出2階にステンドグラス風のガラス窓を有する元茶屋の建物は、解体直前に買い取られた

写真4：再生後の荒町庵
曳山に乗った御神像よりも2階床が低い荒町庵では、より近くから所望を受けられる

荒町庵［写真3・4］の再生であった。荒町庵は、かつて茶屋として使われていた建物で、2階高が低いことから、現在では唯一、建物の2階からの庵唄所望が可能な建物であった。この建物が解体され、駐車場になるという情報を得た住民有志らは、一般社団法人城端景観・文化保全機構（以下、保全機構）を設立し、購入・再生した。保全機構には、これまでの庵唄所望の体験を経て城端の応援者となった人々が多く参画した。また、応援者の知人への働きかけも積極的になされた。保全機構の社員になるには1口10万円×2口以上の出資が基本条件となる。このような高額の出資にもかかわらず、城端への訪問経験がない人たちの出資が相次いだ。ここに、城端の生きた景観を支える伝統文化の魅力と強さを感じることができる。

4 - 生きた景観を支える伝統文化を育てる

　城端のような地方の小都市では、景観保全やまちづくりにかかわる専門的な知識と経験を有する人材に乏しいという課題もある。城端における生きた景観を守るための空き家再生は、この課題を大都市圏に住む伝統文化に関心の高い市民たちとの連携によって解決している。ここでは、曳山祭にかかわるさまざまな伝統文化を、庵唄所望を通して体験してもらうことが意図的に実践されていた。この取り組みを継続的に展開するためには、「全国的にまだ知名度の低い城端の名前を知ってもらうこと」と「応援者を集める原動力となる生きた景観を支える伝統文化を育むこと」が肝要になるだろう。そのための活動の一例が「神楽坂まち舞台・大江戸めぐり」への参加である。東京都新宿区神楽坂で開催されるこのイベントでは、街路空間を舞台に庵唄を披露しながら歩く。紋付袴姿の若衆の行進は神楽坂の景観との相乗効果を生み出し、イベントの中でも人気の高い催しとなっている。ここに参加する城端住民にとっては、庵唄の練習を継続的に重ねる動機となり、保全機構の理事によると、庵唄の演奏技術の向上にも寄与しているという。さらに、神楽坂とのつながりから、庵唄のルーツである江戸端唄との交流が生まれるなど、かつて絹織物の取り引きで生まれた城端と東京の間での文化交流が、かたちを変えて再び実現するようになった。このように伝統文化を基盤としながら新しいつながりを積極的に生み

出すことで、新たな伝統文化を育み、生きた景観を支える土台を強固なものとしていく努力がなされている。

2 時代に応じて姿を変える花街の風景
—— 京都市中京区先斗町

1 - 先斗町における生きた景観の再発見

　京都五花街のひとつである先斗町（ぽんとちょう）は、三条通と四条通に挟まれた鴨川右岸に位置する。東西 50 m、南北 500 m という細長い形状を持つ地区の中央を先斗町通が貫き、かつては沿道に茶屋がぎっしりと軒を連ねていた。戦後、花街の規模は大きく縮小したが、元茶屋の建築物の多くは飲食店として利用されつづけている。ただし、飲食店の増加によって屋外広告物が乱雑に掲げられるなど、先斗町通の景観は大きく様変わりした。そのため、先斗町は京都市による歴史的景観の保全対象として、近年まで評価されることはなかった。

　ところが、2009（平成 21）年に「先斗町の将来を考える集い」が設立され、町内会、お茶屋組合、飲食店などの既存コミュニティの若手が世話人に選出されると状況は大きく転じることとなる。2011（平成 23）年に「先斗町まちづくり協議会」として再編すると、京都市の新景観政策に合わせた屋外広告物の自主改善事業や町並み調査などを次々と実施し、成果を上げた。屋外広告物が撤去された先斗町通はかつての花街の景観を取り戻し、生きた景観の価値が再発見された。

2 - 先斗町まちづくり協議会による景観改善

　先斗町まちづくり協議会（以下、協議会）は、2012（平成 24）年に京都市から地域景観づくり協議会に認定され、毎月開催される役員会で新規出店に伴う建物外観や屋外広告物等の変更について意見交換を行っている。このほか協議会による先斗町通の景観改善としては、先斗町町式目の策定によるルールの整備、屋外広告物の自主改善事業、京都市による界わい景観整備地区の指定、無電柱化事業、防災組織である「先斗町このまち守り

写真5：先斗町通の景観の変化（写真左上：屋外広告物撤去前／左下：無電柱化前／右：現在）（先斗町
まちづくり協議会副会長・神戸啓氏提供）
2010年代に入り、先斗町通の景観は目まぐるしく変化した。左上が屋外広告物の自主改善事業前、左
下が事業後、右が無電柱化事業後の現在の写真である。景観整備の効果は一目瞭然である

隊」の発足などが挙げられる。これらの多様な取り組みが、2011年の協
議会設立から、ほかの地域では見られないようなスピードで展開している
［図2］。特に、屋外広告物の自主改善事業と無電柱化事業による景観改善
の効果は一目瞭然であり、事業の前後で、先斗町通の景観は一変すること
となった［写真5］。

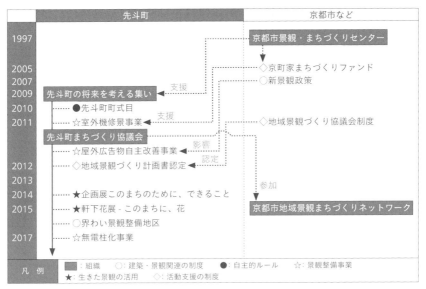

	先斗町	京都市など
1997		京都市景観・まちづくりセンター
2005		◇京町家まちづくりファンド
2007		○新景観政策
2009	先斗町の将来を考える集い ←支援	
2010	┈●先斗町町式目 ←支援	
2011	┈☆室外機修繕事業	◇地域景観づくり協議会制度
	先斗町まちづくり協議会	
	┈☆屋外広告物自主改善事業 ←影響	
2012	┈◇地域景観づくり計画書認定 ←認定	
2013		
2014	┈★企画展このまちのために、できること	
2015	┈★軒下花展 - このまちに、花	京都市地域景観まちづくりネットワーク ←参加
	┈○界わい景観整備地区	
2017	┈☆無電柱化事業	

凡 例	■：組織　■：建築・景観関連の制度　●：自主的ルール　☆：景観整備事業
	★：生きた景観の活用　◇：活動支援の制度

図2：先斗町における生きた景観マネジメントのプロセス
2011（平成23）年に先斗町まちづくり協議会が発足してから、多方面に事業が展開し、10年もかからずに無電柱化事業にまで展開した。異様ともいえるスピードを協議会の事務局が支えている

3 – 先斗町の伝統文化を意識した景観演出

　多くの成果を生み出す協議会の活動は、「先斗町らしさ」とは何かという問いかけの上に立脚している。飲食店中心へと通りの生業が変化している先斗町だが、都市空間を構成するのは、かつて隆盛を極めた花街関連の建物たちであり、そこでの振る舞いもまた、花柳界の伝統文化が色濃く残っている。そもそも花街とは茶屋や歌舞練場といったハードと、日本舞踊、華道、茶道、日本料理、日本酒といったソフトの日本の伝統文化を総合的に継承する都市空間であり、先斗町の伝統文化の基礎もそこにある。先斗町らしさを捉え直そうという動きは、2014（平成26）年に元立誠小学校を舞台に開催された企画展・シンポジウム「このまちのために、できること」を契機としており、その派生のなかで「先斗町軒下花展～このまちに、花～」（以下、軒下花展）が誕生した［**写真6**］。

　軒下花展は、先斗町通の茶屋・飲食店の軒先に、生け花を設置するというイベントである。イベントの前半に花いけワークショップを開催し、そ

の場で住民や先斗町のまちづくりにかかわる事業者、来街者らが、自身が作成した生け花が先斗町通に置かれることを想像しながら花を生ける。ワークショップは協議会の事務局を務める華道家のアドバイスの下で行われ、若干の修正を加えてイベントの後半に先斗町通に設置される。これらの作業を通して、さまざまな属性の関係者が先斗町通の景観を深く考える機会を創出している。また、軒下花展は花街特有の軒先コミュニケーションという伝統文化を再生する意図も持つとされる[*4]。かつて、先斗町通に林立した茶屋の軒先では、挨拶にきた芸妓・舞妓と茶屋のお母さんとの間でコミュニケーションが発生し、この風景が先斗町の生業を表出する景観であったと考えられる。しかし、茶屋が飲食店に変わるなか

写真6：軒下花展の様子（2019年）
かつて、お茶屋の軒先で繰り広げられた花柳界ならではともいえるコミュニケーションの風景。この生きた景観は姿を消しつつあるが、花を挿入することで新たなコミュニケーションを生み出す。形を変えながら生きた景観は継承される

で、この軒先コミュニケーションの風景は徐々に失われてきた。協議会による軒下花展は、茶屋や飲食店の軒下に生け花を置くという行為によって、このコミュニケーションの風景を新しい形で再生しようという意図を持つ。実際に、先斗町通に設置された生け花を通して、住民や建物所有者、作成者、来街者などとの間に新たなやりとりの風景が生じている。

4 ─ 伝統文化の発展的継承によって生きた景観を支える

　全国各地にある花街は社会的環境の変化に伴って縮小しており、茶屋や料亭が失われるなかでどのような景観像を目標に描くのかという岐路にある。これは花街に限らず、たとえば、先述した城端の絹産業のような伝統的生業を有する町であれば、どこでも同じ悩みを抱えていると思われる。先斗町の軒下花展を通じた景観演出は、この悩みに対して一つの解を導き

出しているといえよう。ただし、ここで注意すべき点は、むやみに景観や空間の演出を試みるのではなく、生業や産業に基づいた伝統文化を正しく把握し、その伝統文化が有する現代的価値を捉え直し、その文脈に沿って演出を試みることが肝要だということである。また、これを実現する体制として、協議会には町内会やお茶屋組合、飲食店といった先斗町にかかわる代表的な業種すべての関係者が参画しており、それを行政担当者や京都市景観・まちづくりセンター職員など多種多様な専門家が、たとえ担当から離れたとしても継続的にサポートしている*5。この体制は、協議会による地区内外への細かな配慮と継続的関与の仕掛けづくりによって実現しているものである。お茶屋も顧客に対する細かな配慮やおもてなしを大切な文化としており、この点もまた伝統文化を発展的に継承しているといえるのかもしれない。伝統文化の理解や読み解き、発展的継承、総合プロデュースを実現することで、先斗町花街の景観は生き生きと変化しながら継承されている。

3 農村歌舞伎の小屋掛にみる生きた景観の継承
——愛知県設楽町田峯地区

1 − 田峯地区の概要

設楽町田峯は、愛知県東部豊川の上流段戸山の山裾に位置する集落で、現在およそ 90 世帯が暮らしている。室町中期に菅沼氏が信濃と三河を結ぶ要所であったこの地に居館を定めたのが始まりで、以降 1470（文明2）年に田峯城が築城され、その鎮守として背後の高台に建立された観音堂が現在の田峰観音高勝寺である。この田峰観音例大祭のために 1559（永禄2）年に導入された田楽祭は、三河三田楽のひとつとして重要無形民俗文化財に指定され、今日まで伝承されている。また、盆行事として江戸中期より続けられている田峯の念仏踊も県指定の無形民俗文化財に指定されるなど、伝統文化を受け継いできた地区といえる。1655（明歴元）年からは例大祭の翌日に地狂言の奉納が始められ、これも今日まで続けられているが、本節では、特にこの田峰観音奉納歌舞伎について紹介する。

2 - 田峰観音奉納歌舞伎、舞台と小屋掛

　田峰観音奉納歌舞伎は、400 年近い伝統を持つ。伝承では、村人が誤って幕府領有の山林で材木を伐採し、代官が検分に来ることになったため、村人たちは田峰観音に「芝居を奉納しますから助けてください」と願をかけたところ、検分当日に大雪が降り、代官は現地に入れず 1 人の罪人も出さずに済んだという。以来、村人は田峰観音の例大祭に歌舞伎を奉納してきたとされ、これまで戦時中も休むことなく、例年、例大祭の田楽が 2 月 11 日に、そして翌日に境内で奉納歌舞伎が催されてきた。

　境内に設けられる舞台は、当初、組立式であったものが 18 世紀半ば固定式に建て替えられ、天保年間に倹約令などの影響で再び組立式となり、規制が緩む 1863(文久 3) 年に再度固定式となり現在の舞台となっている。

　境内の様子として特徴的なのは、上演前になるとこの常設の舞台の前に客席となる桟敷や舞台に続く花道がつくられ、主に竹を用いた小屋掛が行われることである。かつては 2 日間の上演、1970 (昭和 45) 年ごろからは 1 日の上演となったが、境内に広がる小屋掛はその期間のために仮設的に短時間で建設、解体がなされることで上演の場を形づくってきたものである。小屋掛の作業はかつてより地域住民の協働でなされてきたものであるが、建設的な技術としても、場づくりの方法としても特徴的である。

3 - 現在の田峰観音奉納歌舞伎、小屋掛の特徴

　田峰観音奉納歌舞伎は、地芝居を奉納してきたものであるが、時代の状況により買芝居となる時期も何度か経つつ、現在なお地芝居の奉納が継承されている。この歌舞伎の上演 (演ずること) にあたっては、住民による保存団体「谷高座」が継承に努めており、地域居住者および数名の出身者を含む 40 名弱のメンバーが、稽古から当日の上演にあたっている。また、1977 (昭和 52) 年より、小学校で学芸会に歌舞伎が取り入れられるようになったこと、子ども歌舞伎を取り入れれば、過去の運営方法も改善できるだろうといった期待などから、子ども歌舞伎が本格的に取り入れられ、現在では田峯小学校児童全員 11 名 (令和元年度)、教員数名も「谷高座」のメンバーとなっている。

奉納歌舞伎の運営に関しては、地区を構成する各組（現在は5組からなる）
から1名もしくは2名が選出されて芝居委員となり、この主導のもと運
営がなされており、小屋掛の準備などの作業もこの芝居委員の主導により
行われている。
　小屋掛のプロセスについては、11月から12月上旬より材料となる竹を
地域の竹林から集めてくる竹切りを主に、小屋を形成する材料を集めるこ
とから始まる。その後、かつては、祭りの一週間前の1日か2日で、各

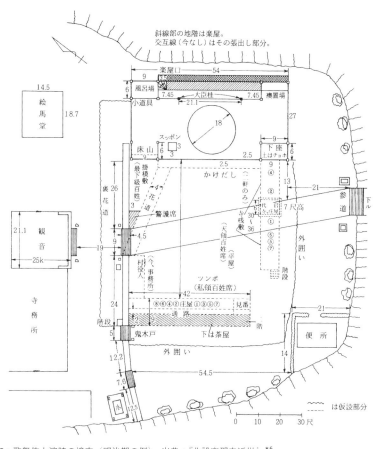

図3：歌舞伎上演時の境内（明治期の例）、出典：『北設楽郡史近世』[6]
明治6年頃までの歌舞伎上演時の境内の平面図。舞台は観音・絵馬堂と90°振れ、参道を横切る形で設
置されている

戸から1名ずつ100名程度が出役し、一気に組み立てがなされたそうであるが、現在は1月の土日を用いて芝居委員を中心に柱建てなどの土台骨組み下準備を行っておき、1月下旬に、やはり基本的には各戸から地域住民が集い小屋掛がなされている。また上演の翌日には小屋くだきといって、小屋の解体がなされる。いずれもすべて人力作業で行われることが特徴である［図3、写真7］。

なお、田峰観音の例大祭としての奉納であることから、運営にかかる費用は寄付および田峰観音の負担によっている。

以上のような、伝統文化として継承されてきた奉納歌舞伎の上演および小屋掛による場所づくりは、材料の調達から組み立て施工解体までを地域住民の手作業で行ってきたこと、地域の身近な材料を用いて場所づくりがなされていることが特徴として挙げられ、

写真7：境内の様子（上2点：前日　下から2番目：当日小屋内　一番下：小屋くだき後）
上2点は上演前日の様子、上から3つめは歌舞伎奉納当日小屋内の様子で、仮設空間が形成される過程を読み取ることができる。一番下の写真は小屋掛を撤去した後の様子。小屋くだきという

場所づくりの文化と技術がともに伝承され生き生きとした風景が生み出されている事例といえる。これには、多世代の地域住民の共同作業のプロセス、また演者として子どもの参加が位置づけられていることも現代においては重要なポイントと思われる。今後の文化継承がどのようになされていくか注目していきたい。

4 伝統文化の可変性と可能性

　ここまでの3つの事例を改めて整理してみよう。

　城端では、曳山祭の伝統文化と空き家再生とを関連づけていた。曳山祭の伝統文化の体験・育成プロセスの中に新たな取り組みを加えることで、曳山祭の舞台となる景観を継承することに成功した。先斗町では、花街における軒先コミュニケーションを現代的に捉え直して演出し、新たな風景をつくり出していた。また、田峯では、奉納歌舞伎に子ども歌舞伎を取り入れることや、小屋掛の場づくりの仕組みを変化させることなどを受け入れながら、技術も含めた景観を伝承していた。

　これらの事例に見る生きた景観のなかには伝統文化が息づき、魅力的な資源として活用されていた。さらに、この伝統文化は固定的なものではなく、何かしらの変化を受け入れることで、生きた景観を支える可能性を広げているように見られた。また、景観を保全・創出する行為そのものを含めて、生きた景観として評価されている点も共通していると考えられる。つまり、住民や関係者が自身を景観の一部として捉えて、「自分ごと」として振る舞っている点に、これまでの景観保全とは異なる動きを読み取ることができる。このような伝統文化の変化を許容することが、生きた景観を保全・創出するヒントになり得るだろう。

参考文献

1 惣司めぐみ・澤木昌典・鳴海邦碩「景観整備の取り組みにおける個々の建築物での外観ルールの読み取られ方とその要因に関する研究──富山県城端を事例として」『日本都市計画学会都市計画論文集』No.41-3、pp.427-432、2006

2 前佛泰志・松井大輔「城端曳山祭における都市空間と室礼空間が一体となった夜間景観の変容」『日本建築学会北陸支部研究報告集』No.60、pp.341-344、2017

3 碓田智子「祭りの住文化とまちづくり──城端・倉敷・村上」『祭りのしつらい──町家とまち並み』pp.136-157、岩間香・西岡陽子編著、思文閣、2008

4 神戸啓「まちづくりは軒先から」『望星』2017年7月号、東海教育研究所、pp.28-35

5 畠山結・松井大輔・沢畑敏洋「京都市先斗町における多主体連携による保全型まちづくりの展開──組織を構成する個人間の関係構築に着目して」『日本都市計画学会都市計画論文集』Vol.53-3、pp.1247-1252、2018

6 北設楽郡史編纂員会編『北設楽郡史近世』、北設楽郡編纂委員会、1970

7 田峯家庭教育推進委員会・田峯小学校父母教師会編『田楽と地狂言』田峯家庭教育推進委員会、1991

8 今泉宗男「田峯観音農村歌舞伎舞台の桟敷」『設楽町文化財専門委員活動報告』No.7、設楽町教育委員会、pp.1-2、1997

9 泉田英雄「田峯観音野舞台の小屋掛け構法について」『日本建築学会技術報告集』第14巻、第28号、pp.607-612、2008

謝辞：本節の記載にあたり、田峯地区住民であり矢高座の原田氏、熊谷氏にインタビュー協力いただいた。記して謝意を表します。

変化する空間に景観資源を見出す

　大火や地震などの災害、戦災、さらにはさまざまな都市開発の影響を受けて、多くの地域で都市空間は大きく変化してきた。このような地域では、変化そのものを受け入れ、文化財的な価値とは異なる視点から地域資源を見出し、評価し、編集して、生きた景観を生み出している。景観価値や資源を柔軟に捉えた、景観マネジメントの担い手やその営み、マネジメントの結果としての空間の実態や変化について概観する。

1 営みとともにある生きた景観の継承と変化
——富山県魚津市魚津中央通り名店街

1- 魚津中央通り名店街の歴史的背景と防火建築帯という資源

　商店街（魚津中央通り名店街）が位置する旧市街地は、江戸期の町人街形成、大正期から昭和初期に拡大し、地域の買い物、魚津神社への参拝など市内指折りの盛り場、にぎわいの場として栄えた。しかし、魚津のまちは度々火災に悩まされ、1956（昭和31）年9月10日に発生した魚津大火では市街地の広範囲が焼失した。当時わが国では都市不燃化運動が進められ、商店街は火災復興土地区画整理に伴い、全幅員 15 m（道路幅員9 m、歩道幅員片側3 m）の道路、沿道に総延長 560 m の防火建築帯が構築された[写真 1]。

　商店街の防火建築帯の設計は、日本不燃建築研究所の今泉善一であったことが明らかとなっている*1。今泉は多くの防火建築帯の設計を手がけ、魚津はその晩年のものとされている。煉瓦タイルで連続性を強調したファサード、垂直方向の RC スリット、千鳥状の手摺など細部のデザインまで配慮され、街並みの形成まで昇華された特筆すべき事例として捉えられる。わが国の多くの防火建築帯が老朽化で次々と撤去・解体されるなか、

写真2：現在（2019年8
月）の魚津中央通り名店街
1956年の魚津大火後に建
てられた3階建ての防火建
築帯。現在も往時の姿を目
にすることができる

いまを生きる希少な事例でもある［写真2］。

2 - 商店街を構成する空間の様相とその変化

　ここ魚津の商店街でも空き店舗化、閉店を余儀なくする店舗が増加し、
いわゆるシャッター街化の波が押し寄せた。

　商店街を構成する防火建築帯は、竣工後60年が経過、アーケードも設
置から50年あまりが経過している。アーケードは、これまで5年に1度
のスパンで維持管理されてきたが老朽化に伴い、2019（令和元）年11月に
一部を除くほとんどが撤去された［図1］。アーケードの撤去に伴い、地域

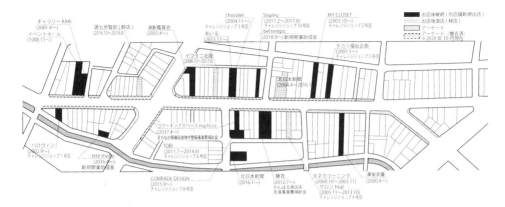

図1：2000年以降の魚津中央通り名店街における新規開業の履歴
老朽化したアーケードの撤去は、往時の姿が取り戻されたという評価も受ける。商店街は空き家が目立っていたが、近年はさまざまな支援事業とリンクして新しい開業が増えている

の人々が慣れ親しんだ景観を一変させることになった一方で、当時の姿が露わになり、空間が開放的になったという声も少なくはない。

3 − 商店街での営みを支える制度

　商店街での営みを支える補助制度として、2015（平成27）年より始まった「魚津市新規開業助成金」が挙げられる。魚津市新規開業助成金は❶入居費用助成、❷家賃等助成、❸改装費用助成の3つからなる。助成金は諸経費の2分の1を補助し、❶は25万円（開業1年後まで）、❷は月額5万円（助成期間の年度末まで）、❸は50万円（中心商店街で開業の場合75万円・開業の1年後まで）と限度額が設けられている。また、2009（平成21）年より始まった家賃月1万円（共益費・改装費等は自己負担）で開業可能な「魚津市中央通り名店街チャレンジショップ支援事業」ではこれまで10店が新規に開業し、ニーズに応じた営みの制度も充実しつつある。

4 − 新たな営みの担い手の台頭
──新たな日常の景観創出と商店街活性化の動的ハブシステムとしての役割

　シャッター街化が進行していた商店街において、いま新たな営みの担い手、若手世代の台頭が目覚ましい。

伝統的な魚津漆器の技術を継承し、店舗を構えるＡ氏は、輪島市で修行を積み、後継ぎとしてＵターンした。Ａ氏は商店街組織の理事を務め、商店街で実施される多くのイベントの企画・運営の中心的役割を担う。

　建築士のＢ氏は関東の大学院修了後、設計事務所で勤めたのちＵターンした。Ｂ氏は、修士論文で魚津の防火建築帯に関する研究を行い、現在は防火建築帯の戦後建築遺産としての価値発信、ストックを活用した企画・イベントなどを仕掛ける。Ｂ氏は「商店街の姿や景観の継承、商店街の空間全体を活かしながら人々が滞留する仕掛けづくり、魚津特有の文化や交流機会を創出していきたい」と語る。

　地場の地産食材・食品販売を営むＣ氏は、関西の大学を卒業後、企業へ勤めたのちＵターンした。Ｃ氏は富山県の開業補助制度「がんばる商店街支援事業費補助金」を受け、店舗のリノベーションを実施し、地域内外から多世代が集う商店街の核店舗となっている。また、地産食材販売を営む傍ら、呉東地方の伝統的な食文化「水団子」の技術継承を行うほか、イベントへの出店を通じて、地場の食文化「水団子」「加積りんご」をはじめ、商店街のプロモーションを仕掛ける。

　地産食材を使用した洋菓子店を営むＤ氏は、関西の製菓学校を卒業後、氷見市の製菓店で勤めたのちＵターンした。Ｄ氏は「魚津市新規開業助成金」を受け、店舗のリノベーションを実施した。SNSなどでのプロモーションをもとに、若者を中心に多世代が集う商店街の核店舗となっている。Ｄ氏は「かねてから商店街での出店を決めていた。商店街には魚は魚屋で買う、肉は肉屋で買う商店街特有の良さがある」と語る。また、魚津市内や富山県内でのイベント出店をきっかけに「リピート客の増加にもつながっている。周辺店舗と連携した情報発信が商店街を回遊する相乗効果を生み出している」と語る。

　商店街で継続的に営まれてきた店舗はもちろん、新たな担い手・若手世代による店舗が商店街の新規レイヤーとして融合している。また、新たな担い手たちが店舗外でのイベント出店やプロモーションを活発に行うことで、新たな日常の生き生きとした景観を生み出す役割、商店街活性化の"動的ハブシステム"としての役割を果たしているといえよう。

その反面、人が集まることで生じる路上駐車増加への対応、アーケード撤去に伴う修景など、状態の変化に向き合うことも生きた景観をマネジメントする上での課題になってくるであろう［図2］。

5 - 商店街を核とした地域祭礼

　日常の景観に加えて、商店街では年間を通じてイベントが活発に開催され、「七夕祭り」「いらっしゃい大市」「ハロウィン」は商店街組織主体の三大事業となっている。「七夕祭り」は1970年頃、「いらっしゃい大市」は2010（平成22）年、「ハロウィン」は2005（平成17）年から続く地域祭礼である。これらの祭礼は商店街組織が企画・運営を担う。1月には江戸期から続く伝統的祭礼「魚津愛宕社火祭り（火防の面）」も開催される。火祭りは火災に悩まされた氏子らが防災意識を高めようと愛宕社に御幣を奉納し、竹の竿頭に榊を差し、神籬・天狗・オカメの面扇子に麻をかけ金銀白の紙を切り混ぜた大幣を台車に立て太鼓を備える［図2］。8月にはユネスコ無形文化遺産、国指定重要無形民俗文化財等に指定される「タテモン

写真3：タテモン行事の風景
防火建築帯の近くでは豊漁と航海・操業の安全を祈願する祭りであるタテモン行事も行われる

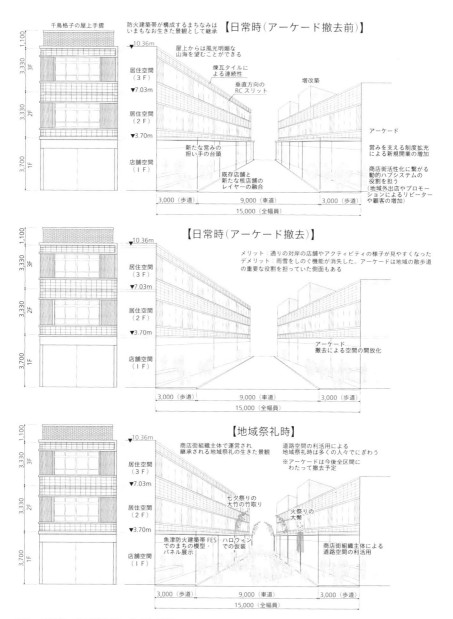

千鳥格子の屋上手摺

【日常時（アーケード撤去前）】

防火建築帯が構成するまちなみは
いまもなお生きた景観として継承

▽10.36m
屋上からは風光明媚な
山海を望むことができる

居住空間
（3 F）

煉瓦タイルに
よる連続性

垂直方向の
RCスリット

増改築

▽7.03m

居住空間
（2 F）

アーケード

▽3.70m

新たな営みの
担い手の台頭

営みを支える制度拡充
による新規開業の増加

店舗空間
（1 F）

既存店舗と
新たな核店舗の
レイヤーの融合

商店街活性化に繋がる
動的ハブシステムの
役割を担う
（地域外出店やプロモー
ションによるリピーター
や顧客の増加）

3,000（歩道）　9,000（車道）　3,000（歩道）
15,000（全幅員）

【日常時（アーケード撤去）】

▽10.36m

居住空間
（3 F）

メリット：通りの対岸の店舗やアクティビティの様子が見やすくなった
デメリット：雨雪をしのぐ機能が消失した。アーケードは地域の散歩道の
重要な役割を担っていた側面もある

▽7.03m

居住空間
（2 F）

▽3.70m

店舗空間
（1 F）

アーケード
撤去による空間の開放化

3,000（歩道）　9,000（車道）　3,000（歩道）
15,000（全幅員）

【地域祭礼時】

▽10.36m

居住空間
（3 F）

商店街組織主体で運営され
継承される地域祭礼の生きた景観

道路空間の利活用による
地域祭礼時は多くの人々でにぎわう

※アーケードは今後全区間に
わたって撤去予定

▽7.03m

居住空間
（2 F）

七夕祭りの
大竹の竹取り

火祭りの
大幣

▽3.70m

店舗空間
（1 F）

魚津防火建築帯FES
でのまちの模型・
パネル展示

ハロウィン
での仮装

商店街組織主体による
道路空間の利活用

3,000（歩道）　9,000（車道）　3,000（歩道）
15,000（全幅員）

図2：日常時・地域祭礼時の生きた景観
防火建築帯の再評価と新規店舗の出店は商店街のレイヤーを重層化し、生き生きとした景観をつ
くり出した。アーケードの一部撤去による空間の開放は、それに拍車をかけている。一方で、地
域祭礼時には更新された空間と伝統文化との融合が、日常とは異なる景観を生み出している

行事」が行われ、商店街では道路空間を利活用した出店も展開されるなど、地域祭礼もまた生きた景観を支える重要な役割を担っている[写真3]。

2 空間と営みの変化の過程を地域資源にする
——東京都新宿区神楽坂

1 - 花街・神楽坂の都市空間の変化

　江戸城外濠の牛込見附から北西に延びる神楽坂は、江戸期から沿道に町屋が建ち並び、栄えてきた歴史ある繁華街である[写真4]。かつて、町屋の背後には武家屋敷が立地したが、明治に入って屋敷が利用されなくなると桑畑に姿を変え、やがて置屋や料理屋など花柳界の建物が建てられるようになった。これが花街・神楽坂の原型である。1945（昭和20）年5月、神楽坂は米軍の空襲によって焦土と化し、花柳界の建物もまたすべて失わ

写真4：神楽坂通りの景観
メインストリートの神楽坂通りには、現代的なペンシルビルが建ち並ぶ

れてしまった。現在の神楽坂で見られる路地沿いの黒塀と見越しの松、その奥に料亭が建つ景観は、ほぼすべてが大戦後に形成されたものである[*2・3]。そのため、神楽坂の景観は長い間、文化財という視点からは評価されてこなかった。一方、路地に黒塀が連なる戦後の神楽坂花街の景観は、しばしば「江戸情緒が溢れる景観」としてマスコミなどに評価されてきた[写真5]。実際には江戸時代の名残は存在しないのだが、神楽坂の景

写真5：路地奥の花街の景観
神楽坂通りから路地に入ると、石畳に黒塀、さまざまな植栽によって彩られた花街の景観が広がる

観は文化財としての価値とは異なる視点から評価され、そこに溢れる文化的要素が地域資源として認識されてきたといえるだろう。

2 − 戦後の神楽坂における営みの変化と空間への影響

　戦後の神楽坂は、花柳界を中心にさまざまな政治やビジネスの舞台となった。しかし、高度経済成長期以降は、全国のほかの花街と同様に花柳界の営みの規模は縮小している。一時は閑古鳥が鳴く商店街となったが、そこに新たに入ってきたのが飲食店であった。神楽坂周辺にはフランス関連の施設が多く立地していたこともあり、特に多くのフレンチ料理店が路地裏に出店し、近年はほかの欧州料理店も増えている。また、地元では「新老舗」と呼ばれる、各地の老舗料理店や菓子店も出店するようになった[*4]。数は減少したが、料亭も健在で芸妓衆もいる。さらに、長唄などの伝統芸能の技能者が地域に在住する。ここにフレンチ料理店などの新たな営みが流入し、伝統と新しい文化の均衡が保たれている。これが空間にも影響を与え、懐かしくも洗練された粋な景観が、現在の神楽坂には息づき、人々を魅了している。

3 – 変化を生かして景観をマネジメントする担い手

　以上のような神楽坂の空間と営みの変化を踏まえ、新旧の文化を融合させて地域資源として評価し、生き生きとした景観のマネジメントに活用する担い手が、「NPO法人粋なまちづくり倶楽部」とその関連組織である。

　神楽坂のまちづくり活動は、1988（昭和63）年の新宿区によるまちづくり推進地区指定まで遡ることができる。その後、1991（平成3）年には地元住民を中心に「神楽坂地区まちづくりの会」が設立され、この関係者らによってまちづくり憲章の策定や神楽坂全体を美術館に見立てたアートイベント「神楽坂まち飛びフェスタ」の開催が実現した［写真6］。さらに、1990年代後半以降の高層マンション紛争を経て、神楽坂に事務所を構える建築・都市・法律などの専門家もまちづくりに関与するようになり、地域住民と一緒に活動する「粋なまちづくり倶楽部」を結成した。粋なまちづくり倶楽部は建築紛争や歴史的環境の保全に取り組むと同時に、神楽坂

写真6：神楽坂まち飛びフェスタ
神楽坂通りや路地に面する店舗、公共空間を舞台に、花柳界の伝統芸能をはじめとしたさまざまなアートイベントを展開し、観光集客だけではなく、文化に興味がある人々を神楽坂に引き寄せる

写真7：神楽坂通りでの伝統芸能の演奏披露
神楽坂まち舞台・大江戸めぐりでも、公共空間や沿道店舗においてさまざまな文化イベントが行われる。特に公共空間での伝統芸能の披露は、空間の使い方に変化を与え、新しい生きた景観を創出する

の地域資源である文化を生かしたまちづくりを展開する。また、持続可能な伝統文化の継承を実現するために、粋なまちづくり倶楽部の取り組みの一部を事業化する「株式会社粋まち」を立ち上げ、さまざまなイベントを展開する［写真7］。

4 – 新旧の資源を活用した生きた景観の創出

ここで、神楽坂の新旧の文化を地域資源として活用し、生きた景観をマネジメントする取り組みの実態について、「神楽坂まち飛びフェスタ」と「神楽坂まち舞台・大江戸めぐり」という2つのイベントを通して見ていきたい。両者ともに、神楽坂全体を舞台に伝統文化やアートの実体験を展開する取り組みである［図3］。

「神楽坂まち飛びフェスタ」では、毎年、文化の日までの約3週間に神

楽坂のあらゆる場所でイベントを開催する。その最大の見せ場は、700 m にわたる神楽坂の商店街に1本の長いロール紙を敷いて来街者に自由に絵を描いてもらう「坂にお絵描き」である。これは、メインストリートが坂道という条件的不利を、最大の地域資源と捉える逆転の発想から生まれた催しであり、坂の商店街が積み重ねてきた文化を肯定的に空間に落とし込んでいる。さらに、このほかにも花柳界に光を当てた「ざ・お座敷入門」やフレンチ料理店と繋がる「ギャルソンレース」など、新旧の文化的な地域資源を融合させて、活力に溢れる魅力的な景観をつくり出している。一方、「神楽坂まち舞台・大江戸めぐり」も神楽坂全体を舞台にするという基本コンセプトは同じであるが、特に日本の伝統的な文化に光を当てている点に特徴がある。神楽坂に伝統芸能に携わる人々が多く在住するという特徴を生かし、おしゃれなレストランで落語の口演、神楽坂通りや路地内で伝統芸能の演奏を行う。このイベントでも新旧の文化は地域資源として融合し、生き生きとした空間として演出されている。

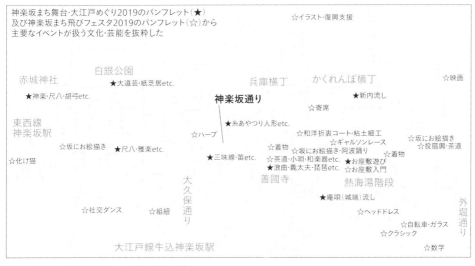

図3：神楽坂の空間への新旧文化の挿入
神楽坂まち飛びフェスタと神楽坂まち舞台・大江戸めぐりでの文化イベントを地図に落とし込むと、地域全体に分散していることがわかる。新旧の文化が神楽坂特有の空間の中でうまく融合している

これらのイベントを通して、神楽坂の地域資源と生きた景観に惹かれる人たちが来街者として、あるいは演者として集まってくる。そして、文化という地域資源はイベントという一時的なものとしてだけでなく、日常として地域に落とし込まれていく。神楽坂の空間は第二次世界大戦によって一度壊されてしまったが、決してつくり物ではない空間が戦後に再生された。その上で脈々と継承されてきた文化と新たに織り込まれた文化がバランスよく融合され、地域資源として活用されることで生きた景観が生まれつづけている。こうした積み重ねによって、生きた景観への眼差しもまた、変化しつづけるのかもしれない。

❸ 変化を紡ぐことで生まれる景観

　防火建築帯という大火復興の過程でつくられた特有の空間を基盤に、営みを支える制度の拡充、新たな担い手の台頭と新旧担い手の融合、地域祭礼が生きた景観の創出に大きくかかわる因子となっている魚津。そして、戦災から復興した花街の空間が徐々に縮小しており、こうした空間と営みの時間的な変化を柔軟に受け入れ、新旧の文化を地域資源と認識して融合し、生きた景観の創出に活用している神楽坂。復興やその後の変化の過程でつくられた空間のなかに、地域資源としての価値を見出して活用する。この点が2つの事例に共通する。

　1996（平成8）年に導入された登録文化財制度によって文化財の門戸は広がった。神楽坂でも登録文化財を増やす事業が進められているが、それでもなお魚津や神楽坂のような都市空間は、文化財的な視点からアプローチし、保全につなげるといった点には課題があるというのが、まだまだ一般的な認識なのかもしれない。このような状況に対して諦めるのではなく、文化財とは異なる視点から地域の文脈や文化的背景を見出し、そこに新たな担い手や文化を紡いでいく。この過程で生まれる空間利用の変化の中に、生きた景観を垣間見ることができるのではないか。そのように考えると、空間利用の変化を連続的に仕掛け、総体的にマネジメントする仕組みや組織が、生きた景観の創出においては重要になるといえよう。

「歴史がない」と認識されるような地域は全国に存在する。しかし、地域の景観価値は多種多様なものであるはずであり、これらをどのように評価して活用するかという手法のヒントを2つの事例から見つけることができる。

参考文献

1　BA編集部『BA横浜防火帯建築研究―魚津特別号―』10+11号、神奈川大学工学部建築学科中井研究室 p.77、2017

2　NPO法人粋なまちづくり倶楽部『粋なまち神楽坂の遺伝子』東洋書店、2013

3　松井大輔・窪田亜矢「神楽坂花街における町並み景観の変容と計画的課題」『日本建築学会計画系論文集』No.680、pp.2407-2414、2012

4　神楽坂キーワード第2集制作委員会『神楽坂キーワード第2集 粋なまちづくり―過去・現在・未来―』サザンカンパニー、2010

5　東京大学都市デザイン研究室「神楽坂超高層マンションを考える」建築思潮研究所編『造景』No.34、pp.137-148、建築資料研究社、2001

生きた景観を生む公園マネジメント

　人気のない・使われていない公園に対する反省から、より使われる公園に向けて、公園経営、パークマネジメントの言葉が聞かれるようになってきた。近年では、都市公園法が改正され、収益施設を設置することも容易となり、民間事業の参画により、にぎわいのある風景や場所が生み出されている。

　一方、これら以前より、地域住民の自主的な活動によって、公園に魅力的な生き生きとした風景や場所が生み出されている事例もある。いずれにおいても、公園は行政の管理物という考え方でなく、市民や民間の側が公園の場づくりに積極的にかかわることができる資源としての可能性が見出されているといえよう。

　ここでは、こうした生きた景観を生む資源としての公園をフィールドとした事例について、その風景や場所にかかわる地域や行政などの主体、場所を支える制度や仕組みとともに見ていく。

1 公園における遊び場づくりの魅力的な生き生きとした風景
——名古屋市天白公園内てんぱくプレーパーク

1 - 魅力的な眼前の生きた景観
　天白公園は3つの山、原っぱ、池をもつ都市部に残された比較的自然豊かな都市公園である。その公園内の一角、冒険の山のふもとを拠点に活動する冒険遊び場・てんぱくプレーパークがある。

　ここでは、子どもたちが自由に木に登る姿、火をおこして料理をする姿、びしょぬれや泥だらけになっている姿、地面に穴を掘ったり、のこぎりやかなづちを使って好きなものをつくる姿、思い思いに過ごす子どもた

ち、そしてそれを見守る、また時には一緒になって遊び過ごす大人たち、といった生き生きとした活動の風景が日常的に見られる。

　乳幼児から未就学児、小学生くらいまでの子ども、親子が比較的多いが都市部でありながら、自然豊かな環境のなかで子どもが生き生きと遊び、さらには親の居場所、また地域高齢者の居場所にもなっている。

2 - それが生みだされる空間

　公園の空間的特徴としては、先述のとおり3つの山、原っぱ、池といった要素を持つことが挙げられる。当初、運動公園に近いかたちで整備する計画があったが、地域住民のさまざまな運動や働きかけから、自然環境を残した現在のような公園となった経緯がある。てんぱくプレーパーク

写真1：プレーパークの様子
プレーパークは子どもたちの思い思いの居方、やってみたいという気持ち、自由な遊びを支える場所となっている。またそれを見守る大人たちも含め、さまざまな年代の子どもや大人の居場所でもある

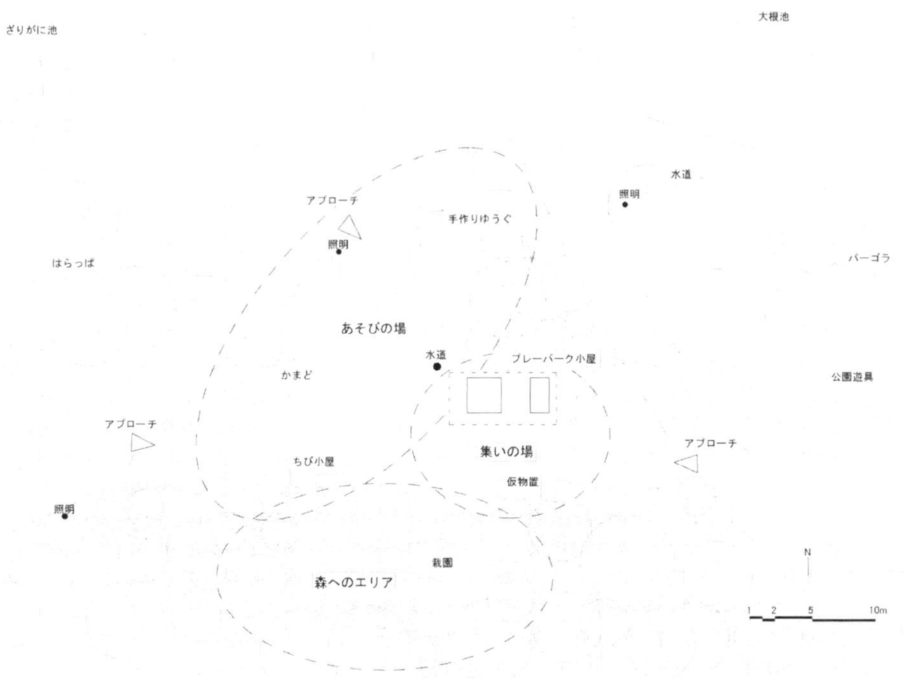

ざりがに池   大根池

アプローチ   手作りゆうぐ   水道
                          ▷   照明
      照明

はらっぱ   パーゴラ

                              あそびの場

                                      水道   プレーパーク小屋
         かまど   公園遊具

アプローチ   集いの場
   ▷
      照明   ちび小屋   仮物置   アプローチ
                                                                      ▷

                                      栽園   N
                 森へのエリア
                                                              1 2   5   10m

図1：配置図（活動エリア周辺）

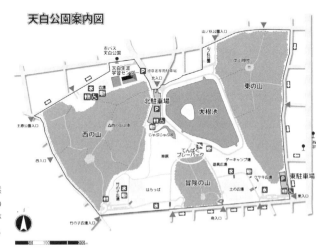

図2：公園全体図
（出典：名古屋市 HP[*2]）
天白公園は3つの山と池の自然
が残された公園である。公園の
中央付近、冒険の山のふもとが
プレーパークの活動拠点となっ
ている

第Ⅱ部　生きた景観マネジメントの実践

はこの時の運動をきっかけにはじめられた（1998年）。子どもの自由な遊びを支えるとともに地域コミュニティの場所ともなっている。自然に近い環境が都市に残されたという空間の魅力も大きい［写真1、図1・2］。

3 – 空間や営みを生み、支える制度・仕組み

このような生き生きとした風景や営みが生み出されている場所にとって重要な役割を果たしている要素について触れる。

❶ 常駐人の存在

この場所において重要な役割を果たしているのが常駐するプレーリーダー（近年はプレーワーカーとも呼ぶ）の存在である。

プレーパークでの過ごし方は子どもの思いに任せられており、よほどのことがない限り、大人は見守り、指示や制限はしない。そして子どもたちの自由な遊びを守るためにプレーリーダーという大人が常駐していることが、自由な遊びの環境を成り立たせている。

また、常に顔の見える誰かがいる状態が、子どもや大人、多くの市民にこの場所にかかわりやすい状態をつくり出し、人と人、人と事を結びつけていると考えられる。

❷ 活動拠点となる小屋の存在

遊び場には、活動拠点となる小屋が存在している。2012年、火災による小屋焼失があり、再建のため実施された小屋づくりワークショップにおいて、小屋に関して求められた機能や特徴を以下に紹介する。活動を支えるための小屋が多様な役割を果たしていることがうかがえる。

収納空間としての機能（遊びやさまざまなアクティビティを展開するのに必要な器具、遊具、そのほか物品の収納が可能な空間）／シェルター的空間としての機能（休憩、集い、一時避難、授乳、着替えなどが可能な空間）／事務的空間としての機能（場所の維持管理に必要な事務作業、数名での簡易ミーティングも可能な空間）／情報空間としての機能（地域の情報、遊び場で展開するアクティビティについての情報発信、掲示板的役割が果たせること）／シンボル性（場所のシンボルとしての機能を果たす。同時に安心感にも結びつくこと）／アクセシビリティ（初めて訪れた人、通りかかった人、子どもから高齢者まで、この場所を利用しやすくするものであること）／景

観形成（この場所の地形や自然環境、そしてそれらを活かした多様なアクティビティに配慮した配置や形状）

4 – マネジメントする主体

　てんぱくプレーパークは、地域住民により組織された民間非営利団体「てんぱくプレーパークの会」（1998年）により自主的・自発的に活動、運営されてきた。

　団体は、名古屋市の緑のまちづくり条例に基づく「緑のパートナー」として、公園緑地などの管理活動、緑のまちづくり活動にかかわる団体に認定され、市との協定が締結されている。また、小屋の設置については、都市公園法に基づく設置管理許可制度によっている。これらが公園を活用した活動の裏づけになっている。

　運営は子育て中の親、またかつて子育て中にこの場所にかかわっていた親、さらにはかつて遊んでいた子どもたちなどの、ボランティアによるところが大きく、運営費用もその多くは活動に賛同する会員の会費によっており、安定した運営がなされてきたとは言い難いが、スタッフの思いと行政や住民の理解や協力により支えられてきたといえる（「てんぱくプレーパークの会」は2019年4月にNPO法人化され、これまで同様、子どもの自由な遊びを保証することを中心としながら、その活動の持続的な展開を図っている）。

　活動日は火〜金と、第3土日曜日。ここで紹介したような外遊び環境づくりの活動は、国内では1970年代の大村慶一による「冒険遊び場（Adventure Playground）」の日本への紹介、東京の経堂や、羽根木のプレーパークづくりが先駆的事例として知られており、「冒険遊び場」、「プレーパーク」として広がりを見せている（日本冒険遊び場づくり協会調べでは約400団体／ 2016年時点）[*3]。しかし本事例のように常設型のものは多くはない。運営などについても、不安定なボランティア・市民活動によるものも多い。運営や活動の状況は一様ではないが、いずれも本事例と同様に、これまでの明確な社会的な支援制度が存在しない（あるいはしなかった）中で、子どもたちのために、また地域の環境づくりの道を切り開こうという市民と行政が努力を重ねてようやく実現されているものである。

公園は行政の管理物という考え方でなく、市民や民間の側が公園の場づくりに積極的にかかわることが求められるようになってきたなか、そして子育て、子育ちの環境が問題視されるなか、遊びを通じて子どもから高齢者まで誰もがかかわりうるこのような遊び場づくりの活動の今後の展開には大きな可能性があるように思われる。

② 住民・民間事業者の参画によるパークマネジメント
——富山県舟橋村オレンジパーク（舟橋村園むすびプロジェクト）

1 - ここに住みたくなる景観をつくる

　富山県舟橋村は、富山平野の中央に位置し、人口約 3,200 人（2020 年 10 月現在）、面積は 3.47 km² と全国で最も小さい村である。その舟橋村ではいま人口・世帯数の増加が目覚ましい。村内には富山地方鉄道が走り、隣接する富山市中心市街地にも約 15 分でアクセスできる地理的条件、主要な公共施設が村内にコンパクトにまとまった利便性はもちろん「舟橋村園

写真 2：子どもたちがパークマネジメントの大きな役割を担うオレンジパーク[*4]

写真3：オレンジパーク全景*5

図3：子どもたちのアイデア*4
オレンジパークには子どもたち
の夢がつまっている

むすびプロジェクト」によって運営されているオレンジパーク（京坪川河川
公園）の存在が大きい。

　オレンジパークのパークマネジメントでは、公園が身近な社会、人口減

図4：子どもたちのアイデアを投影したオレンジパーク
オレンジパークに隣接するように子育て支援賃貸住宅、幼保連携型認定子ども園「ふなはし子ども園」などが併設された住環境が形成されている。包括的な公園づくりが子育て支援の核を担っている

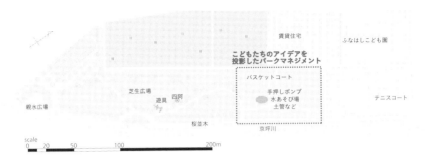

少を歯止めにする場づくりを担い"公園があるからここに住みたい"につながる公園づくりを目指している［**写真2・3、図3・4**］。

2 - 生きた景観を生む資源としての空間づくり

　舟橋村では2013（平成25）年に「舟橋村環境総合整備計画」を策定し、「子供を育てるなら舟橋村、住み続けるなら舟橋村」を目標像に掲げた。舟橋村では子育て支援をはじめとする地方創生に取り組み、大きな項目に「パークマネジメント」が掲げられている。パークマネジメントでは、県内造園業者がコーディネート、子育て世代や中高年世代などがつながる公園の使いこなしやイベントを企画運営、コミュニティ醸成とローカル企業の仕事づくりなどの方針が掲げられている。

　オレンジパークの取り組みとして、1年目（2015年度）は子育て支援センターや図書館において利用者へのヒアリングを行い、公園のニーズ調査を実施した。2年目は造園業者による単独イベント、子育て支援センターとの共催・連携イベントなどを実施した。しかし、イベント時以外でも人が集まることができる公園づくりを課題に、人を巻き込むための活動「舟橋村園むすびプロジェクト」がスタートした。プロジェクト発足以降"公園に来た人がいつの間にか仲良しになる公園づくり"がテーマになっている。3年目は、村に住まう人々や子どもたちの手が加わったものが公園に

あり、公園への愛着、シビックプライドにつながるプロセスデザインを重要視した取り組みが展開されはじめた。人が集う公園づくりへの近道は公園のファンをつくること・公園に愛着を抱いてもらうことをテーマに"連携すること"、"次につながるイベントを仕掛けること"、"公園を一緒につくる人・公園を動かす人を生み出すこと"といった目的をもとにさまざまなイベントが企画・運営された。

3 - 空間や場の景観づくりを支える制度・仕組み

　3年目には、造園業者が主体となり子どもたちとともに生垣の剪定をする活動、自分たちで苗木をつくる活動も始まった。子どものみならず親、友人、親戚や周囲を巻き込む作戦の具現化である。公園の遊具づくりにあたっては、公園をよく知る子どもたちに意見を聞くことが一番ということで、小学生を対象に「こども公園部長」の募集を行った。子どもたち自らが公園の将来像を描き、実現のためにパークマネジメントを担う造園業者が詳細図を起こし、施工を行うなどのコーディネートを行っている

図5：クラウドファンディング導入による公園づくりの実現[6]　子どもたちひとりひとりの夢が公園という社会に託され、その取り組みは地域内外問わず多くの共感を呼んだ

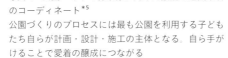

写真4：公園づくりの将来像に向けた議論と造園業者のコーディネート*5
公園づくりのプロセスには最も公園を利用する子どもたち自らが計画・設計・施工の主体となる。自ら手がけることで愛着の醸成につながる

［**写真4**］。公園づくりの資金獲得にあたっては、2017（平成29）年11月にクラウドファンディングを導入し、実現化している。資金獲得という一方、日本一小さな村の公園改革に立ち上がった小学生と造園業者による「夢の公園」に向けた取り組みは、地域内外問わず多くのファンを生んだ［**図5**］。

4 - 生きた景観をマネジメントする主体

　パークマネジメントに取り組む前のオレンジパークは、犬の散歩に来る人くらいしか見かけない、誰もいない公園と化していた。公園のマネジメントを見直し、オレンジパークのパークマネジメントの大きな役割を担っているのは、紛れもなく村の子どもたちと造園業者である。

　パークマネジメントの特徴として、1つ目は舟橋村より委託された3社の造園業者が指定管理者として協働で公園づくりのコーディネートを担っていることである。芝刈りや樹木の剪定といった公園管理だけではなく、体験・教育を行いながら、それらをコーディネートするなど新しい仕事を担っている。2つ目は公園の使いこなしを意識していることである。美しい公園づくりはもちろんのこと、多くの人に使いこなしてもらえる公園を目指している。3つ目はコミュニティの醸成を目指していることである。公園に人が集い、人がつながり、人の輪が生まれることを目指している。4つ目は造園業の自立自走を目指しているということである。「造園業者としてこんなこともできるなら

写真5：年イチ園むすび（上段・中段）・月イチ園むすび（下段）*3
オレンジパークの取り組みは保護者世代にも影響を与え、パークマネジメントを担う新たなキープレイヤーの創出にも波及効果を与えている

ウチも」と思える仕事づくりを目指している。

　こども公園部長の取り組みでは、地元の小学生がイベント企画に向けたワークショップ実施から資金調達、運営、管理までを担っている。2017～2018年度は、初代7名、2代目3名の男子がこども公園部長として活動を展開してきた。さらに2019(令和元)年度からは、3代目5名が加わった。

　また、2019年度はこども公園部長が全員男子であったことから、子どもたちの公園づくりやイベント企画に女子の意見を反映させていくことを目的に、こども公園部長の女子チームを立ち上げた。Kodomo Koen Buchoの頭文字と"年間48時間しか活動しません"ということでKKB48と称し、こども公園部長とともに活動を展開している。

　2020 (令和2) 年度現在、13名のこども公園部長、10名のKKB48、総勢23名の子どもたちが園むすびプロジェクトの中核として活躍している。パークマネジメントを支える造園業者や村役場は意見をもらうだけの形式的なワークショップにしない、自分たちの手でつくる公園と感じてもらうまで時間と手間を惜しまないという。

　2018 (平成30) 年度から始まった「月イチ園むすび」はこども公園部長が中心となり取り組んでいるイベントで、平均参加者数170人、最大300名弱である。「年イチ園むすび」では参加者900名弱となった〔写真5〕。これは村民人口の約3分の1である。公園においては、運営上禁止事項がつきものであるが、造園業者や村役場はその固定概念を取り払い、実現化に向けたコーディネートを行う役割も担っている。こうした活動が保護者世代にも影響を与え、パークマネジメントを担う新たなキープレイヤーの創出にも波及効果を与えている。

２ 自然体での生きた景観を享受できる資源

　てんぱくプレーパークの事例は、子どもたちのための環境づくりに情熱を注ぐ地域住民の自主的な活動が、行政や地域の協力、理解を得て、公園に生き生きとした風景を生み出している。

　舟橋村オレンジパークでは、住民・民間事業者主体のパークマネジメン

トを通じた取り組みが生きた景観を生み・育み、支える仕組みとなっているとともに、地域のアイデンティティとして形成された公園が子育て世代の転入促進、これによる出生数の増加、仕事づくりを支えている。

　公園は行政の管理物という考え方でなく、住民や民間が公園の場づくりに積極的にかかわることで、生き生きとした景観づくりを享受できる資源であることが2つの事例から再認識できる。また、公園という資源を介してひとやこととのつながりを生み、それを包容する小さな社会の様相が生きた景観として投影されていることからも、参画主体が自然体でかかわりやすい状態をマネジメントする仕組みや制度を拡充させることが重要となる。

参考文献

1　天白公園をつくる会編著『おーい天白公園　人と自然の共生都市空間』愛知書房、1994
2　名古屋市HP：http://www.city.nagoya.jp/ryokuseidoboku/cmsfiles/contents/0000005/5081/tempak map.pdf（2019年10月閲覧時）
3　日本冒険遊び場づくり協会HP：https://bouken-asobiba.org.（2019年10月閲覧時）
4　舟橋村園むすびプロジェクトHP：http://enmusubi-funahashi.com（2019年10月閲覧時）
5　写真提供：舟橋村役場
6　CAMPFIRE HP「公園つくるんデス！～日本一ちっちゃな村の小学生と造園屋さんの挑戦～」https://camp-fire.jp/projects/view/51944（2019年10月閲覧時）

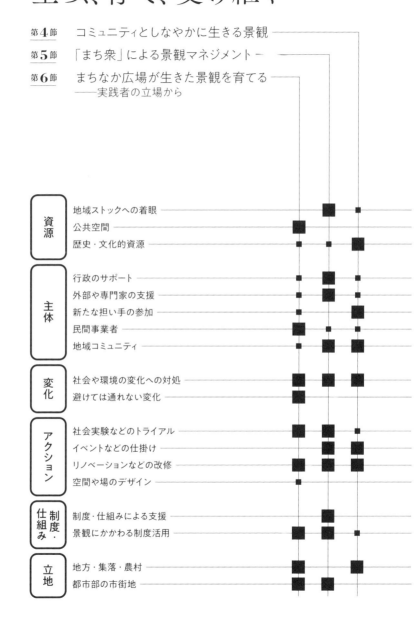

	第4節	第5節	第6節
資源 地域ストックへの着眼		■	■
公共空間	■		
歴史・文化的資源	■	■	■
主体 行政のサポート	■	■	■
外部や専門家の支援	■	■	■
新たな担い手の参加	■		■
民間事業者	■	■	
地域コミュニティ	■		■
変化 社会や環境の変化への対処	■	■	■
避けては通れない変化	■		
アクション 社会実験などのトライアル	■	■	■
イベントなどの仕掛け		■	■
リノベーションなどの改修	■		■
空間や場のデザイン	■		
制度・仕組み 制度・仕組みによる支援		■	
景観にかかわる制度活用	■	■	■
立地 地方・集落・農村	■		■
都市部の市街地	■	■	

第 **4** 節

コミュニティとしなやかに生きる景観

　地方小都市では、人口減少と少子高齢化が急速に進んでおり、空き家・空き店舗や空き地の増加が深刻になっている。駅前を含めた中心市街地の商店街空洞化もさらに進行している。大都市への一極集中や近年の景気状況では再開発は想定しづらく、担い手として民間企業が参入する可能性も低い。景観は地域社会（コミュニティ）があることでつくり出されるものであり、多様な主体がかかわりながら時代に対応して変化するものである。地域内だけでなく外からの人の取り込みを含めた地道な人づくり・人育てが求められる。

　本節では、生きた景観を生み、育て、受け継ぐ担い手について、岩手県北上市黒岩のお滝さん、静岡県東伊豆町稲取地区を事例として取り上げる。

1 水車小屋再生からコミュニティを支える　　場の創造への展開——岩手県北上市黒岩地区

1 - 起爆剤となった「親水公園お滝さん」

　1998 年頃に黒石地区の有志（32 戸）が北上川沿いの滝に水車小屋を整備した。それが生きた景観を生み、育てる活動の発端となった。水車小屋はかつて多くの農村に見られた風景であるが、近代化とともにその役割を終え、解体されていった。黒岩地区も例外ではない。しかし、荒廃した土地を目の当たりにした住民が自主的に環境整備に取り組み、水車小屋を復元したところ、多くの住民が景観の素晴らしさに気づき、地域として活動を開始することになった。その後、水車小屋周辺は緑地整備や地区住民総出による維持管理が行われるようになり、さらには水車小屋で挽いたそば粉を使ったそば打ち体験や、緑地空間を利用したイベント・祭事の開催、産直経営、食堂運営など黒岩地区の地域づくりへと展開した。また、アジ

サイの植樹なども常に景観に変化を生み出している。

2 – 地区の中心にある遊休資産の売却危機

　黒岩地区は約350世帯、人口1,950人程度と北上市で二番めに小さい自治会である。2008（平成20）年に北上市の農業協同組合が花巻農業協同組合と合併することとなり、農協支所の跡地問題が発生した。農協支所は地区の中心である黒岩小学校と「親水公園お滝さん」に隣接し、その間に挟まれる県道沿いの立地の良い場所にあった。約4,900 m²の遊休資産が売却された場合、地区の中心に地区の望まない開発が起こる可能性も高いことから、無秩序な開発を避けるために自治会役員で協議し、黒岩自治振興会が認可地縁団体の資格を取得して土地を購入することとなった。

3 – 住民の篤志と
　　「まんなか広場」の誕生

　市場価格では3000万円近い評価額であったが、農協から1000万円で譲渡してもよいとの話を得られたことから、各世帯最低2万円の寄付を全世帯から募り、集めた約1000万円で農協と交渉し、土地を購入することになった。各世帯から寄付を募ることができた要因はコミュニティの良さである。黒岩地区には9つの集落があり、毎月末には常会（昔の結）が行

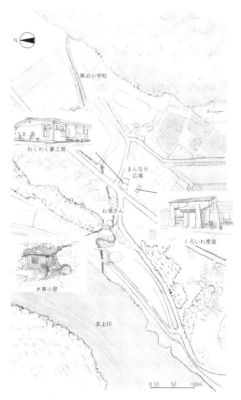

図1：黒岩地区中心周辺　南北に細長い黒岩地区を貫く県道と、小学校から河川沿いに伸びる道路の結節点にまんなか広場、お滝さん、わくわく夢工房などが集まっている。地域の中心をコミュニティで整備し、利用することで地域の活力へとつながっている

われている。そこに自治会の三役が毎回足を運び、何度も説明をすることで600万円の寄付を集めることができたのである。しかし、1000万円にはまだ400万円不足していたため、さらに寄付を募ったところ合計1200万円が集まり、建物と土地の購入が実現した。そして、黒岩地区の中心にあり、コミュニティを活性化させる拠点として育てていくことから「黒岩まんなか広場」と名づけられた［図1］。

4 - コミュニティによる景観マネジメントへ

黒岩地区では「NPO法人あすの黒岩を築く会」を設立し、黒岩自治振興会から黒岩まんなか広場の管理業務を受託して、自治振興会と市の指導・支援を受けながら「くろいわ産地直売所」と「黒岩わくわく夢工房」の運営を開始した。当初、産直の建物はテントで、営業時間も週2日、数時間と短かったが、現在では北上市から譲り受けたプレハブを移築して使用し、営業日数、時間も長くなっている。

また、学童保育所と地域の高齢者の交流場所として黒岩わくわく夢工房を開設し、夢工房では産直の余った野菜を使った宅配弁当業務や給食なども実施した。しかし、コミュニティの結束の強い地区では弁当の必要性が低く、事業採算性が厳しいことから夢工房を別のNPO法人に賃貸している。現在は産直で販売する総菜づくりや高齢者の集まる「お茶っこ飲み会」の会場として利用されている。

産直と夢工房の建物はプレハブ、鉄骨平屋である。歴史的でもない、どこにでもありそうな建物であるが、当初のテントに比べれば立派な建物である。しかも、地区住民が知恵と資金と労力を費やして入手した建物であり、ほかにはない地域への愛が込められている。

そのほかの活動として地区外の施設へ出向いて販売する"出前産直"に加えて、北上市の支援を受けて東京都江東区や青梅市の祭りへリンゴを発送している。また、ふるさと納税の返礼品産物の発送業務を担っている。特に豚肉は地区内の養豚業者との協力により「黒岩豚太くん」のブランド化が実現している。元々は北上市が誘致した養豚業者である。し尿による臭いなど地区内で問題となる可能性もあったが、迷惑産業とするのではな

く、地区のまちづくり活動への理解を求めて、協力体制を構築している。それまで特産品のない黒岩地区であったが養豚業者の協力により「黒岩豚太くん」と名前をつけられた豚肉は、発送が追いつかないほど好評を得ている。

5 - 景観マネジメントの成果と課題

このような活動がつくり出す景観を継承していくために、黒岩の親水公園お滝さんは北上市景観計画で定められている「きたかみ景観資産」に認定されている。きたかみ景観資産の特徴は、景観そのものを認定するのではなく、景観を支える継続的活動を認定していることである。さらに、地域の共感、景観づくりにつながるアイデアのあることが要件となっており他自治体にはない取り組みである。

NPOの活動を支えているのは産直の売り上げやふるさと納税に係る売り上げである。しかし、NPOの目的は、商売優先ではなく、真ん中広場と親水公園お滝さんを中心として、あくまでも地域の大事な場所を守り、みんなが集まる機会をつくり、活用していくことである。新しい景観を契機として新しい役割・意味をつくり出すことで地域の活力になっていくプロセスがうかがえる。

スーパーもコンビニもない黒岩地区は北上市のなかでも人口減少の顕著な川東と呼ばれる地域であるが、最近は若い世代のⅠターンも見られ、北上市内からの移住も見られる。ごく普通の中山間地域、過疎地域が景観を手がかりに地域をマネジメントすることで持続することを示している。一方で、活動の持続に向けて多くの課題にも直面してきた。直営の難しさに加えて今後の事業継続性には危うい点も残されている。コミュニティが時間をかけて、社会変化のなかでしなやかに適応し、地域とともに生きていくことの重要性とその難しさも示している。

2 外部からの支援に刺激された
商店街再生の試み——静岡県東伊豆町稲取

1 – 大学生が仕掛け人となった空き家改修から商店街の再生へ

　大学生の空き家改修の取り組みがきっかけとなって、やる気を起こした地元の商工会青年部が、中心市街地の商店街を再生するイベント「雛フェス」を毎年開催するようになった。11の空き店舗を仮復旧して開店させるとともに400mほどの区間を歩行者天国化して、また町外からの協力も得た多くの露店によって、にぎわいの再生を試みている。

　「空き家改修プロジェクト」チームを結成し、稲取地区において空き家の再生に取り組んでいる大学生たちは、2016（平成28）年3月に商店街の入

図2：東伊豆町稲取地区とダイロクキッチン（図面提供：荒武優希）
地元商工会青年部の協力を得て、大学生たちがリノベーションした

外観

内観

り口にあった消防団倉庫を改修してシェアキッチン・スペース「ダイロクキッチン」を完成させた[図2]。この大学生らは、卒業後にNPO法人「ローカルデザインネットワーク」を設立するとともに、卒業生の一人が東伊豆町の「地域おこし協力隊」となった。大学生たちとNPO法人、地域おこし協力隊となった卒業生の奮闘に刺激を受けた商工会青年部部員が中心となり、商店街を含めたメインストリートで「雛フェス」イベントを開催した。この卒業生は、地域おこし協力隊終了後も東伊豆町で生活しており、商工会青年部部員や大学生たちとさまざまな連携活動を継続している。

2 – 空き家改修と商店街再生への経緯

　伊豆半島東岸に位置する静岡県東伊豆町は、人口1万2,000人ほどの小さなまちで、ここ10年ほどの間で1割近くも人口が減少している。漁業と海運業、また温泉による観光業が地場産業であるが、いずれも衰退傾向にある。稲取地区には町役場があるので町の中心部といえるが、市街地は平地が狭いため海岸線に沿って点在している。歴史ある温泉街である熱川地区もあるように、稲取地区は必ずしも町の中心市街地というわけではない。そのため伊豆稲取駅周辺には、土産物店などが軒を連ねているが、稲取地区中心部の商店街は、空き店舗が増加し空洞化が進んでいる。

　稲取地区に変化をもたらしたのが、2011年（平成23）に東伊豆町を訪問し交流を持ちはじめた「地域づくりインターンの会」に所属する芝浦工業大学建築学科の学生たちである。学生たちは空き家のリノベーションを町に提案したところ、町は老朽化から空き施設となっていた町保有の地区交流施設をリノベーションの対象として学生に提示した。そこで大学生たちは「空き家改修プロジェクト」チームを結成するとともに、同大学から活動支援金を得て、2014（平成26）年度には水下地区の小規模な地区交流施設「いこいの家・水下庵」を完成させた。

　町は、学生らが空き家をリノベーションできることを確認したことから、伊豆稲取駅から商店街・温泉旅館街へのルートにある消防団倉庫を次なるリノベーション対象として学生たちに紹介した。また商工会青年部や地元住民に声をかけて、「空き家等利活用促進協議会」を結成した。学生

図3：雛フェス 2019（図面提供：荒武優希）

元大学生の地域おこし協力隊と地元商工会青年部らが、通りを歩行者天国化し、11 の空き店舗を仮復旧してオープンさせた

No.	店舗名	雛フェス利用
1	空き	スツール・箸制作体験
2	空き	地域認定商品SHOP
3		知らない郵便局
4	空き	灯ろう展示・制作体験／爬虫類ふれあい体験
5	空き	トートバッグプリント＆販売
6	駐車場	飲食スペース
7	化粧品KOSE	
8	田町公民館	
9	ダイロクキッチン	
10	遠藤製麺	
11	かっぱ食堂	
12	善応寺	お堂での芸能・お琴・生け花ライブパフォーマンス
13	駐車場	メインステージ
14	中央プラザ	ものづくり体験、写真展
15	たばこ	地場産品の販売、試食
16	空き（肉のつぼい）	
17	金生地所	
18	ミハル	
19	空き	ハーバリウム制作体験
20	空き	音楽＆休憩スペース
21	つるし飾り	
22	かたの印鑑	
23	かたの衣料品	
24	空き	木工販売・世界の楽器展
25	空き	洋風雑貨販売・制作体験

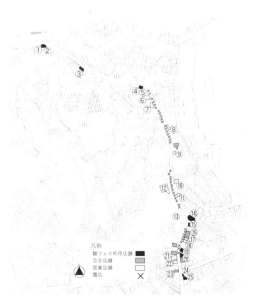

凡例
雛フェス利用店舗 ■
空き店舗 ▨
営業店舗 ▦
露店 ×

露店名

自家焙煎珈琲工房　唐良里（カラリ）
柿田川湧き水カレー
ソウル
まるかわ製茶
もつ煮からあげ　はまの
バニラとドンのキッチンカー（3日）
mama 暮らし御雑貨と装飾店（2日）
R&B クリスの駄菓子屋（3日）
雑貨屋ブイヨン（2日）
Rm あーるえむ＆ハピ FAN（3日）
MSN
サバソニ＆アジロック実行委員会（3日）
布小物屋はりねずみ＆ raise the mood
桜堂
創作カミスキ neo seeD
オリジナル工房 Lantana
MOMONAMermaid
dryflower to U
le PORT
戸田塩だっ手羽
熟成やきいも　長作

Porte dun reve
本部
清光院
伽嶋清華（2日）
菊代（3日）
工房ぽっかぽか＆工房ぽっかぽか「花」
ジャズランド
Craft A
Laulau（2日）
Cocodakeya ～ここだけや～（3日）
CHIE お菓子とパンのアトリエ
pieni
MAULOA
ざっかや空多
little fatima&emonic（2日）
マナスカフェ（3日）
てくてくキッチン
風来坊
まるふく café
キンメマラソン実行委員会
（株）富士空撮サービス　飲食部門

MOUNTAIN HIPPIES
Majop
tomos factory
和の国
ひさ
あさひ

シャッター通りと化している商店街

商工会青年部員が、空き店舗を復旧して開店

11 の空き店舗を開店させ、道路を歩行者天国化した

たちは、消防団倉庫をシェアキッチンをもち滞在もできるシェアスペースとすることを町に提案した。2015（平成27）年度に進められた改修工事は、大工など地元の建築業者の協力も得て、2016年3月に「ダイロクキッチン」として完成した。

　大学生たちは、卒業して社会人になると同時に、2016年にNPO法人「ローカルデザインネットワーク」（会員：13名、うち東伊豆町住民3名）を設立し、ダイロクキッチンの運営などを手がけることになった。また卒業生の1人が、東伊豆町の地域おこし協力隊（2016〜2018年度）となった。

　ダイロクキッチンでは、毎週水曜日に「サブロクカフェ」という喫茶店タイム、毎月2回「海辺のあさごはん」、毎月1回「認知症カフェ」などが定期的に開催され、ほかにも映画上映交流会や料理教室などで利用されている。ダイロクキッチンの運営には、徐々に地元住民が参画しはじめており、子育て世代の主婦が管理人に加わっている。

　地域おこし協力隊は、町と商工会青年部と協議を開始して、2019（平成31）年3月に中心部のメインストリートを歩行者天国化し、シャッターが閉まったままだった空き店舗11店を仮復旧工事してオープンさせる「雛フェス」イベントを開催した。商工会青年部では、板金工といった建築職人が特に活躍した。また町外からのさまざまな支援者が道路上に42もの露店を出してにぎわいをつくりだした。お年寄りや子どもを含む多くの地元住民が訪れ、大いに盛り上がりをみせた。盛況だったこのイベントがきっかけとなり、中心部の空き店舗活用が進みつつある。空き家改修の取り組みは、学生だけではなく地元の人々の取り組みへと展開しつつある［図3］。

3 − 担い手：大学生と商工会青年部の職人

　学生だったNPOの代表は、その後地域おこし協力隊となり、その献身的な行動により地元の信頼を獲得した。信頼関係がNPO活動を軌道に乗せたことで、地域おこし協力隊終了後も東伊豆町に留まることができている。移住した卒業生に刺激を受けて動き出したのは、店舗の復旧工事ができる商工会の「工」にあたる職人だった。商店街が衰退してしまった状況

では、商業者からの担い手育成は難しいかもしれない。空き家改修のノウハウと地元でのネットワークをもつ若手職人がまちの再生に乗り出すことは、ほかの地方小都市でも大きな可能性があるといえよう。

4 - 成果と今後の課題

　地方小都市において、生きた景観を生み・育て・受け継ぐためには、空間的な再開発ではなく、まずは担い手づくりに取り組まなければならない。稲取地区では、町外からの大学生の取り組みが刺激となって、地元住民の心が少しずつ変化していき、特に商工会青年部の建築職人らがやる気を起こして動き出した。大学生が担い手づくりの仕掛け人となったのである。

　このように、生きた景観を実現させるためには、「圏域」を越えた人々の関係性が構築されなければならない。これはインターネットとモバイル端末が普及している今日では十分に可能である。生きた景観づくりの担い手は、運営側だけではなく、参加する人々も含まれる。地方小都市と大都市、あるいは地方小都市同士の人々が繋がる「地域づくり」が求められている。

3 住民の営みと外部からの支援

　ここで紹介した2つの事例の状況は大きく異なるが、親水公園と広場、中心市街地商店街のどちらも住民にとっては大切なコミュニティ空間での生きた景観である。住民総出の整備や維持管理、NPO法人の活動、商工会青年部の建築職人によるリノベーション、そして住民たちの日々の生活が生きた景観の営みをつくりだしている。直産の売り上げやふるさと納税、大学生といった外部からの支援者が、生きた景観を支えている。

参考文献
・小田島光安「あすの黒岩を築く会」釜石市鵜住居地区復興まちづくり勉強会講演資料、2017年5月27日
・空き家改修プロジェクトチーム『空き家改修プロジェクト 2014-2016　Year Book』2016

第 **5** 節

「まち衆」による景観マネジメント

　本節では、歴史的な市街地に暮らす「まち衆」による生きた景観のマネジメントに着目する。まち衆とは、町内会や商店街のような既存の住民コミュニティや、それらとは構成員が重複しつつも独立した市民の集まりを指す。住民の生活との密接なかかわりのなかで、景観マネジメントを行っている組織である。事例は鎌倉の由比ガ浜と京都の姉小路界隈である。それぞれの地域において、既存の住民コミュニティが景観の形成に直接的に関与し、制度のなかで位置づけられている仕組みを見ることができる。どのような経緯でこの仕組みが実現に至ったのか、そのプロセスを読み解き、生きた景観の創出・継承に求められるまち衆の役割を考えたい。

1 由比ガ浜通り──鎌倉市

1－由比ガ浜通りの生きた景観

　鎌倉市由比ガ浜通りは、中世以前からの古い街道であり、鎌倉のシンボ

図 1：由比ガ浜通り地区の
対象範囲

写真1：由比ガ浜通りの店舗　由比ガ浜通りには、近代の看板建築や出し桁造りなどの伝統的な意匠を持つ建築物と、これらのデザインやスケール感を継承した建築物によりまちなみが形成されている

ル軸である若宮大路と長谷観音を結ぶ幹線道路である［**図1**］。沿道の商店街は、大正から昭和の初めにかけて付近の別荘を得意先として繁栄し、衣料・雑貨・食料品・飲食店、ギャラリーや骨董品店などが立地するなど、今日に至るまで地元に根ざした商店街として歩みつづけてきた。

また、商店街には、六地蔵などの旧跡や戦前からの近代建築の店舗が点在し、歴史ある商店街としての風格が感じられる。低中層を基調とし、親しみやすい商店が建ち並び、周囲の豊かな自然環境を身近に感じさせるヒューマンスケールのまちなみを形成している［**写真1**］。

2 - 生きた景観を支える仕組み

本地区では、1997年頃から地元商店街（鎌倉由比ガ浜商店街振興組合）が中心となり、商店街の活性化と魅力づくりに取り組んできた。その後、商店街のまちづくりの高い意欲により、鎌倉市都市景観条例（1995年）に基づく景観形成地区に指定（1998年7月）され、地元商店街の中心メンバーに

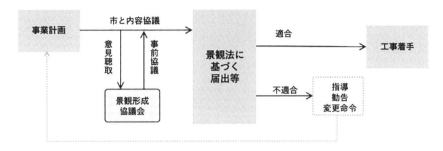

図2：景観協議のフロー　鎌倉市都市景観条例により、建築物の建築に際しては、景観法に基づく鎌倉市への届出に先立ち、景観形成協議会の意見を聴くことが義務づけられている

よる「景観形成協議会（同10月）」が設立された。

　その後、景観法に基づく鎌倉市景観計画策定時（2006年）に、景観形成の目標・方針・基準の一部を見直し、鎌倉市景観計画特定地区に指定（2007年3月）された。この頃、由比ガ浜通りの一部拡幅事業を控え、更新時期を迎えていた沿道建築物は建て替えが予測されていた。このため、景観形成協議会と鎌倉市では、地域が主体的な景観形成に取り組む必要があると判断し、事業者は、景観法の届出に先立ち、景観形成協議会の意見を聴くことが鎌倉市都市景観条例により担保されることになった［図2］。

3 – 生きた景観のマネジメント

　景観形成協議会は、景観法・鎌倉市都市景観条例に基づく届出が必要な行為の全てについて、事業者からの計画案に対し意見を述べ、景観形成の方針・基準への適合状況を確認している。しかし、景観形成上、重要な場所や景観形成基準の解釈が事業者と景観形成協議会で異なる場合などでは、地域の建築家などで構成され、鎌倉市の景観整備機構に指定（2011年4月1日）された一般社団法人ひと・まち・鎌倉ネットワーク（以下「ひとまち」）に技術的な支援を求めている。ひとまちは、事業者から提出された図面やパースなどに基づき、設計にかかる時間やコストに配慮しながら、必要に応じて設計変更に関する資料（具体的な変更内容の依頼や模型など）を作成し、事業者との協議を支援している［写真2・3］。このような取り組みを通じて、事業者には景観形成協議会と協議を行うことの重要性が理解さ

れ、専門家がかかわりながら協議調整を行う必要性が認知されている。また、本地区のまちなみに配慮した建築物が増えてきたという声が聞かれている。

写真2：景観協議の様子　景観整備機構である（一般社団法人）ひと・まち・鎌倉ネットワークの支援を受けながら、景観形成協議会と事業者が模型などを用いて協議を行っている

写真3：建て替えの例（帝国堂）まちなみから突出しないプロポーションが意識され、温かみのある白を基調としたデザインが採用された。真鍮のポールなどの素材は、まちなみに良い印象を与えている

　　　第II部　生きた景観マネジメントの実践

2 対話を通じた伝統的まちなみの継承と創造
── 京都市中京区姉小路界隈

1 - 「暮らし」と「なりわい」の共存したまちなみ

　京都市中京区姉小路界隈は、京都市の中心市街地である「田の字地区」の北東部に位置し、おおむね烏丸通から寺町通の区間の姉小路通を中心に、北は御池通、南は三条通に挟まれた地域である。この界隈は都心部に位置しながら、現在でも京町家を中心とする低中層のまちなみにより形成され、さらに木彫看板を掲げる老舗が集積し、かつ住宅も残る「暮らし」と「なりわい」の共存したまちとなっている[*1][写真4]。

2 - マンション計画反対運動から創造的なまちづくり活動へ

　活動が始まる契機は、1990年代後半に界隈で相次いで発生したマンション建設計画である。1995（平成7）年に地域環境への深刻な影響を危惧した住民は、「姉小路界隈を考える会」を発足させた。考える会は、町内会や自治連合会といった地縁組織とは独立した会員制の任意団体であり、現在まで同界隈の活動の中心となっている。

　姉小路界隈における活動成果は、現在でも新規加入のある建築協定（約

写真4：姉小路界隈のまちなみ
木彫看板を掲げる老舗を含む京町家が集積する職住共存の落ち着いた界隈

写真 5：意見交換会を経て変更された事例
左：精算機を黄色から茶色へ。右：看板を水色から茶色へ（白く囲った部分）

100件）、そして 2004 年度から 10 か年実施された街なみ環境整備事業で
は、26 件の修景事業が実現している。さらに 2015（平成 27）年からはじ
まる京都市市街地景観整備条例に基づく地域景観づくり協議会制度として
認定された「姉小路界隈まちづくり協議会」を窓口とする意見交換会は、
70 件を超えている。

　さらに姉小路界隈を考える会は、120 近い会員数を抱え、また 1997（平
成 9）年より「灯りでむすぶ姉小路界隈（姉小路行灯会）」は、地元中学生な
ど多様な人たちが参加する機会であり、灯りのイベントとしての先駆けで
あるだけでなく、夜の灯り景観、生活の場としての道路空間の楽しみなど
新しい価値を体感する社会実験の場となっている［**写真 5**］。

3 – 継続的な対話を通じた伝統的なまちなみの継承・創造

　2000（平成 12）年に作成された「姉小路界隈町式目（平成版）」では、「低
中層の町並み」を基調としながら、「なりわいの活気と住むことの静けさ
が共存」し、「周囲との調和を了解しながら，それぞれの個性を表現」し
た、「心楽しい美しい通り」になることが示された。さらに、その後に地
区計画策定要望を契機に策定され、2013（平成 25）年に京都市都市計画マ

スタープラン地域まちづくり構想編に位置づけられた「姉小路界隈まちづくりビジョン」において、まちなみ、なりわい、みちの使い方の3つの要素をまちづくりの方針としている。この要素に配慮することで姉小路界隈における通り景観を形成している。

　地域景観づくり協議会としての意見交換会は、条例に位置づけられた建物の外観、屋外広告物にかかわる案件だけでなく、地域独自に営業行為についても対象にしている。実際の意見交換会では、建物や屋外広告物のデザインに関することよりも、営業方法（営業時間・自転車の処理）や地域へのかかわり（町内会等への入会・協力）などに関する情報提供、協力依頼が行われることが多い。

　また意見交換会は、協議会事務局が窓口となり、対象敷地を含むあるいは影響があると思われる町内会に対して、開催通知と住民らへの周知依頼が行われる。この通知と意見交換会開催は、制度と計画書も含めたまちづくりの方針を周知する機会となっている。

　また建築協定、地区計画、地域景観づくり協議会制度の組織と計画の認

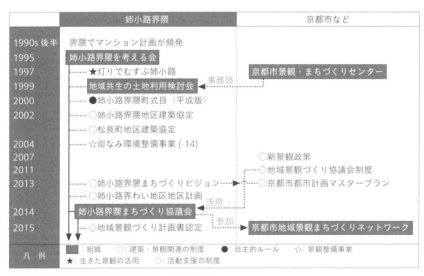

図4：姉小路界隈地区の景観マネジメントのプロセス
地域環境に大きな変化を及ぼすマンション計画への反対運動からスタートし、
さまざまな制度などを必要に応じて活用し、景観マネジメントを行っている

定、京町家条例の地区指定など、その都度に合意形成活動が行われている。さらに街なみ環境整備事業による修景事業による成果、あるいは夜のまちなみを楽しむ行灯会などのイベントは、目に見える成果を共有する機会となっている［**図3**］。

3 生きた景観を創出・継承していくまち衆の役割

　2つの事例に共通する生きた景観のマネジメントは、三点ある。

　第一に、生活という日々の活動のなかで合意形成を積み重ねて、生きた景観の価値を住民間で周知・共有している点である。特に、姉小路界隈では地域景観づくり協議会という制度を活用して意見交換や各種制度を行い、これを実践していた。第二に、外部の専門家や行政によるサポートを巧みに得て、体制を構築している点である。鎌倉ではひととまちがその役割を担い、姉小路界隈では行政の施策と結びつけることで、まち衆による活動を補強しているといえる。最後に、保存と創出の両面から生きた景観にアプローチしている点も共通しているといえよう。鎌倉の景観協議の事例は新たなまちなみ景観の創出であり、姉小路界隈の「灯りでむすぶ姉小路界隈」のイベントもそうである。

　上記のような活動を、旧来のコミュニティを基盤としつつ、独立した任意組織をつくり、さまざまな組織や制度とコネクションを形成することで展開していた。生きた景観を創出・継承していくなかでのまち衆の役割とは、多種多様な選択肢からまちにとって適切な解を選び、これらをマネジメントしていくことといえるのではないだろうか。

参考文献

1　谷口親平「美しいまちなみをつくる‐姉小路界隈」山田浩之・赤﨑盛久編『京都から考える都市文化政策とまちづくり』ミネルヴァ書房、pp.162-167、2019

2　鎌倉市HP：https://www.city.kamakura.kanagawa.jp/keikan/index_toshikeikan_keisei.html（2020年11月閲覧時）

第 **6** 節

まちなか広場が生きた景観を育てる
——実践者の立場から

0 プロセスからはじまる——富山県富山市

　本節では、地域の"日常的な"また"ハレの場"として生きた景観を育むまちなか広場にフォーカスする。ここでは、まちなか広場を「スポンジ化した都市を再生するために公共交通の結節点を内包するような立地に余白をデザインするプロジェクト」と仮定する。そして、都市を身体に見立て、広場を心臓、人の流れを血液とすると、広場の役割は人の流れをポンプアップし地域の隅々まで栄養を届けることである。そして、地域の栄養とは、経済活動だけではなく笑顔や他者とのかかわりや自分が誰かの役に立った実感（生きがい）といった、総じて社会関係資本（ソーシャルキャピタル）の醸成といえる。

　筆者は、富山市まちなか賑わい広場「グランドプラザ」に開業3年前の2004（平成16）年から約10年間携わり、以降、久留米シティプラザ「六角堂広場」、「あかし市民広場」、八戸まちなか広場「マチニワ」の開業にかかわった経験を持つ。業務内容は、配置計画・条例制定・備品選定・利用促進・広報活動・スタッフ育成などの多岐にわたり、それぞれの地域の現状や課題、そして立地・周辺環境・運営組織の業種や体制などによって業務内容は一様でないため、共通の仕組みとして整理し難いと感じてきた。しかし、本稿執筆にあたり、共通する普遍的な観点や風の人として地域に没入しながらも心がけてきた行動指針を、生きた景観のアプローチとして現地調査と運用の時期に分けて整理を試みる。そして、まちなか広場がいかに人と人とが出会う機会を創出しているか、そしてそれらが人々の寛容性を育み地域らしさやその人らしさを大きく花ひらかせているか、いかに都市にとって大切な余白を内包し地域に生きた景観を生み育んでいるのかを、これまでの経験を通して考察する。

1 現地調査の段階

1 − 現状を眺め立地の与条件を整理する

　太陽が輝く昼間、しかも休日の約 2.5 倍の日数に相当する平日の日中に、まちなか広場に人が滞在している眺めをつくることが重要である。しかも、その前提条件として、空虚な空間である広場において人の流れや滞留時間の創出は困難であることを自覚し、始めることが肝要である。そこでまず周辺環境（公共交通・歩行者空間等のアクセス、営みの種となる集客施設など）をおおまかに整理する。アクセスの分析が重要なのは、平日の日中に広場に滞在可能な人たちの大半が非就労者であり、それは移動制約者とほぼ重なり、公共交通や歩行者に優しいアクセスがあって初めて出かけられる人たちと想像するためである。

　アクセスが容易で、広場への期待感が醸成できれば、人は他者の姿を求め人のいるところに出かける。そして、広場には人の姿が現れ滞留し、参道や街道で商いが始まったように移動販売をはじめとする小さな商いが自然発生し地域内経済循環を誘う。そしてそれらは楽しい気分を醸成し、広場を起点にまちを散策したくなるウォーカブルなまちづくりに寄与するのではないだろうか。

2 − 空間に身を置き営みの種を見つける

　早朝から深夜まで、まずその空間を眺め、各時間帯の来場者を観察する。それは、困っていそうな人や周辺の通行者が潜在顧客であり、広場に滞在する楽しみを日常生活に取り入れた人の姿がさまざまな時間帯にある広場ほど幸せな空間と感じるためである。そして観察者自らが長時間滞在することでこの空間に何があればさらに居心地が良くなるかも実感できるためである。

　八戸市の中心街では、朝市や露天商の軒が連なった生きた営みを感じる。八戸まちなか広場マチニワでは、広場スタッフが常駐していない時間帯を含む開館時間（6 時〜23 時）内において、常時約 100 円／時間・約 12 m² で利用可能な仕組みをつくった。その結果、2018（平成 30）年度か

写真1：マチニワの移動販売／八戸市
平日の日中の様子。メイン通りに面するまちなか広場では地域住民と観光客が毎日のように混在する

らパン屋や八百屋が1日に3件以上出店する成果が生まれた。また、中心街には見立てバスターミナルが整い、至るところから公共交通でアクセスできるようになっている。また高齢者バス特別乗車証（70歳以上の市民が一定額を支払えば市内全路線乗り放題）もあるためか、用がないときにこそ中心街に出かけ、出店者との交流や買い物を日常の楽しみにしている人も増えていると耳にする［写真1］。

3 − 風の人の違和感は地域の個性

　地域ににぎわいを生んでいる広場空間に身を置くと、その地域の日常的な営みやハレの場を味わえる。そうした伝承されている生活様式を磨く機会のひとつに催事があるのではないかと考える。そして、風の人として筆者が感じるの違和感（気づき）は地域の個性やお宝であることが多く、設備や備品などを広場に整える際にその気づきを地域の魅力を最大限に引き出すために役立てるよう心がけている。

　明石市の商店街を眺めると、朝夕にバシャバシャと水音が響き、まるで台所が並んでいるような店構えが続き、食文化の豊かさに驚く。また、規制が緩やかなため道路空間にも所狭しと商品が陳列され、そのにぎわいを目当てに人が行き交う。この魅力的な商店街と駅のアクセスを優しくつなげるため、市は分断の要因となっていた国道を横断できる歩道橋（屋根・EV付）を設え、歩道橋と駅をつなぐ建物の2階部分には広場を整備し、駅

写真2：憩い風景
明石市。駅前再開発ビルの
2階にあり、建物全体のロ
ビー空間も兼ねており、常
時人の姿がある

から商店街の間を歩行者空間でつなげた［**写真2**］。また、広場内の倉庫に
は保健所の臨時営業許可をすぐ取得できる2層シンクや冷蔵庫を完備し
たパントリーも備え、明石の豊かな食文化をいつでも気軽に発揮できる空
間として整備されている。

4 – 場をつくる──つながりが実現性を向上させる

　自己実現やハレの場として広場を使いたい気持ちが閃いたり思いついた
りしたとしても行動に移し実現するためには、ひとりではなかなか勇気を
持てないことが多いのではないだろうか。

　久留米市のシティプラザ六角堂広場は、陰影のある手焼き煉瓦に囲ま
れ、重厚感が漂っている。その空間を活用したい場合にすぐ仲間を募れる
ように、地域に根ざした若旦那気質の起業家たちがゆるやかにつながり集
う仕組みをつくった。定期的に県外から実践者を招聘し、地域内ネット
ワークを広げ深めながら知恵と知恵がくっつく「知恵つく講座」は6年
経った今も継続している［**写真3・4**］。2018（平成30）年には、彼らが主体と
なったシェアオフィスがJR久留米駅の近くに開設され、地域の伝承への
敬意と出会いの好循環によって、地場産業の久留米絣や筑後川の水辺活動
を柱に活動は多岐に広がっている。そして、川港による交易拠点として卸
問屋が軒を連ねてきた歴史を背景に育まれた、機嫌の良い彼らの気質が周
辺地域を巻き込み、ひと役かっている場面も増えていると聞く。

写真3：六角堂広場の催事を眺める
商店街とホール施設をつなぐロビー
空間を兼ねており、ホール事業に連
動した運営を実施

写真4：知恵つく講座チラシ（久留米市）
地元の名店の定食屋にて撮影された初動
期のメンバーと活動のメッセージ

2 運用の段階

1 - つながりを広げる——既存の取り組みから始める

　広場は虚空間であり、営みを始めるためには火種が必要である。そこで
まず、地域の既存の取り組みに着目する。つまり、その取り組みの催事が
広場で開催されれば稼働率が上昇し、その催事の広報は広場の広報にもな
り得るためである。また、既存催事の開催は新規事業を誘発するとも考え
ている。たとえば、継続事業の依頼は慎重さを伴うが、1回限りの催事の
協力であれば気軽に声をかけやすく、やり取りのなかでそれぞれの内情が
把握でき、新しい関係性構築の機会にもなり得る。

　富山市は公共交通の整備と利用促進を長年継続している。その一環とし
てグランドプラザでは、公共交通での来街を促進するポスター撮影会やバ
スの乗り方教室、歩行イベントなどのモビリティ関連イベントを多数開催
している。こうした公共交通に親しむ催事を継続したこともあってか、開
業十数年経った今も、グランドプラザには隣接百貨店の開店前や催事未開
催の日であっても、平日の朝から滞留する人の姿が夏でも冬でも見受けら
れるようになっている［写真5］。

写真5：日常の憩い風景（富山市）
平日の朝9時半頃の様子。イベン
トもなく百貨店開店前にもかかわ
らず、住民の姿がある

2 ‒ 安全に配慮し、期待感を高めるハプニングを起こす

　まちなか広場は、通路を兼ねているため人が行き交い、人目があること
で安全性が担保され、余白によって距離感が保たれ"ミルミラレル"関係
性を確立し、不特定多数の人たちに向けた啓蒙活動や販促催事に有効な広
場空間は、専有が不可能ともいえ通行者の安全確保などの配慮が常に必要
でもある。

　八戸市では、マチニワの開業前に1年で最も来街者が多い催事に合わ
せて広場を開放する試みを実行した。当日は座れるスペースがすべて埋ま

写真6：歩行者天国イベント時
のマチニワ（八戸市）
まちの真ん中に座る場所ができ
たことを実感してもらうために
開業前であったが開放した日の
様子

るほどの来場者数となり、宣伝費をかけずに数万人の市民に中心街に居心地良くいつでも誰もが憩える空間（人の居場所）ができたことを実感として届けることに成功した［写真6］。これは、南部っ子の寛容さの賜物だと感じている。地域に初めて整備するまちなか広場を開業前に安全に開放できたのは、管理者の目線ではなく来場者の目線を重視した担当者の感性と寛容性こそが生きた景観を形成する鍵になるのではないかと感じた瞬間であった。

3 - 勇気をひきだし寛容性をもって受け止める

　寛容な雰囲気とおおらかな余白を備えた広場では、多様な表現活動も可能である。「この空間ができたからできることが増えた！」と若者の間で話題になれば、しがらみの少ない彼らの出番が増え、突拍子もない自由な発想によって新たな都市らしい場面が創造される。そういった期待感から、彼らの奇抜な発想に向き合う際は、実現に向けお互いに知恵を投げかけ合うような心持ちを大切に接している。

　富山市のグランドプラザでは、終日全スペースを使った県産材遊具PR催事の同日に、学祭PRパフォーマンスを実施したいと学生から相談があった。管理上は申請書を受理できないところであったが、広場が通路を兼ねていることを逆手に、歩きながらのパフォーマンスを広場スタッフから学生に逆提案した。当時、国内ではフラッシュモブの流行前であった

写真7：学生によるフラッシュモブ（富山市）
富山大学の学祭をPRするためお揃いの衣装でかっ歩する学生たち

が、その結果、行政関係者が大勢集まるなか学生が扮するダンボールの仮面集団が突然現れるパフォーマンスは大成功し、学生に「まちは楽しい場所だ！」という印象を残せた。当日、彼らは垂直方向にも通行し、その動きに合わせ上空通路からも笑顔で手を振り眺める観客まで現れ、広場空間が立体的であり、まちが劇場にもなり得ることを鮮烈に、一瞬にして大勢の市民に魅せつけたのであった［写真7］。

4 — 広場からひろげる来場者の世界

通路を兼ねている広場で個人的嗜好の表現活動を可能にすることは、地域の多様性の向上にも効果的である。数万人が参加する大規模イベントであっても来場者は一部であるが、成果（記録や効果）を発信することで催事は手段となり、次の一手につながる。しかし、それには写真や映像の記録が重要になる。しかし、そこまで手が回る主催者は限られており、広場の運営側の積極的なかかわりの必要性を感じる。広場は媒体でもあり広場の発信力は地域の発信力となりえ、かかわる意味は十二分にあると考える。

明石市のあかし市民広場では、館内にデジタルサイネージを十数台設置し、施設ごとに運用する予定であったが、あかし市民広場が館内と歩行者空間をつなぐロビー空間の役割を果たしていることもあり、広場事務所で一括管理することとなり、結果、デジタルサイネージには館内の案内だけ

写真8：明石駅駅前広場懸垂幕
広場のある駅前再開発ビルと駅を結ぶ通路に懸垂幕がかけられる金物を設置

写真9：あかし市民広場のデジタルサイネージ（明石市）ビル内に10数台設置されているデジタルサイネージを一体管理して回遊性を向上させている

でなく周辺施設の情報まで掲示され、さらに駅から商店街へのアクセス（駅→歩行空間→広場→歩道橋→商店街）には懸垂幕用の金物が取り付けられ、広報の連続性をつくり出しエリアを一体的に演出できるようにした結果、館内及び周辺の回遊性が向上したためか商店街の店舗数も増えていると耳にした［写真8・9］。

5 ‒ めぐりあいから生まれるたわいもない会話の価値

　まちなか広場への期待感が醸成すれば人は出かけ、他者を眺めたりたわいもない会話をしたりする。そこには、電話やメールやSNSでは得がたい魅力がある。

　居心地良く滞留したくなる広場のような空間での出会いでは、お互いの時間や気持ちに余裕さえあれば、どちらからともなくさまざまなことを始めやすくするのではないだろうか。

　久留米市では、高知の日曜市のような光景を地域につくりたいと活動する市民が六角堂広場の開業1周年を機に広場だけでなく広場前道路空間までを活用した催事を実施し、自分たちの理想の眺めを実現させた。既存の組織ではないやわらかな仕組みで車両通行を片側に寄せ、広場側の道路を歩行者空間として広げた。そして、広々と伸びやかな歩行者専用空間には、たくさんの市民が出店者として、道路の安全係として、来場者として

写真 10：歩行者天国イベント
（久留米市、提供：秋山フトシ）
六角堂広場の開業 1 周年に合わせ
て開催された歩行者天国イベント

集い、各々の出番や役割を謳歌しながら自由な雰囲気のなか新しい出会い
や久しぶりの再会を喜び合っていた。そこには、笑顔が絶えず、岡倉天心
の言葉「虚はすべてを容れるが故に万能であり、虚においてのみ運動が可
能になる」[*1] を彷彿とさせる見事な眺めが形成された［**写真 10**］。

3 おわりなきプロセス

　本節において、現地調査では周辺へのアクセスから派生する通行者が潜
在顧客であり周辺の集客施設が営みの種となり、地域らしさの発掘が活動
の火種を起こしている実態が見えてきた。また、まちなか広場の運用で
は、既存の活動やネットワークを起点に初動期の稼働率を少しずつ向上さ
せながら、有償でも広場を利活用する価値を創造する過程を顧みた。そし

図1：グランドプラザ活動考察図
なぜ、活動が起こりやすい状況になっているのか、平面図と展開図と活動写真を並べ考察する

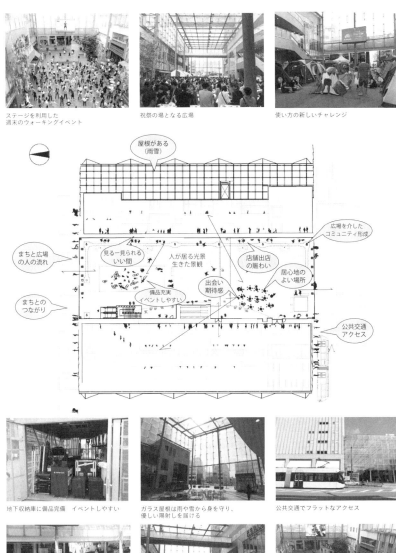

ステージを利用した
週末のウォーキングイベント

祝祭の場となる広場

使い方の新しいチャレンジ

屋根がある
（雨雪）

広場を介した
コミュニティ形成

まちと広場
の人の流れ

見る─見られる
いい間

人が居る光景
生きた景観

店舗出店
の賑わい

居心地の
よい場所

出会い
期待感

備品充実
イベントしやすい

まちとの
つながり

公共交通
アクセス

地下収納庫に備品完備　イベントしやすい

ガラス屋根は雨や雪から身を守り、
優しい陽射しを届ける

公共交通でフラットなアクセス

ステージを利用したスロープは
子供たちの遊び場

楽しい眺めがいつもある居心地の良い場所

可変性が高く毎日変わる風景が生まれる

て、生きた景観を育む広場の与条件の共通項がわかってきた。既存の人の流れに加え、公共交通と歩行空間によるアクセスしやすく歩きたくなる（ウォーカブルな）雰囲気、公共交通運行時間内の広場開放、周辺の集客施設の価値や隣接壁面のデザイン＆運用、常設のカフェテーブルとイスの必要性、おおらかなつくり込みすぎない空間構成と居心地の良さ、立体的な眺め、地域らしさを表現できる設えや備品、目新しい催事の開催など。その結果、広場そのものが生きているかのようにいつも在ることができる。その好事例として、富山市のグランドプラザの展開図と写真での表現を最後に試みる［**図1**］。いまだ車社会の地域であり、グランドプラザは中心市街地で一番大きな駐車場と主要目的である百貨店の間にあり、駐車後必ず通りかかる立地にあり、しかも広場に面する両建物の2階部分はテラスになっていて相互のアクセスは広場または上空通路2本（屋根下＋屋根上）があり、さらに商店街とLRT電停のある幹線道路に面している場所にある。これらの与条件によりこのエリアの訪問者のほとんどが通行している。グランドプラザは毎日24時間開放され、滞留できるイス・テーブルがあり、屋根があり、さまざまな角度から"ミルミラレル"関係性を叶える立体的空間が整っている［**図1**］。

　都市の余白空間として"自由"が在り、通路を兼ねているためある程度の集客が見込めるだけでなく、そのおおらかな余白空間が仲間を募る気持ちを誘い、1人では踏み出せなかった新たな世界を彩る設えを提供している場所である。岡本太郎は、「なんでもいいから、まずやってみる。それだけなんだよ。」*2 と語っている。その"まずやってみる"に適したまちなか広場という都市空間への視座をこれからも持ちつづけていきたい。

註釈

1　岡倉天心『茶の本』岩波文庫、1961
2　岡本太郎『壁を破る言葉』イースト・プレス、p.15、2005
3　島原万丈 +HOME'S 総研『本当に住んで幸せな街 全国「官能都市」ランキング』光文社、2016
4　鳴海邦碩『都市の自由空間—街路から広がるまちづくり』学芸出版社、2009

第3章 直面する変化を乗り越える［変化編］

避けられない変化に向き合う

第7節　空洞化・衰退するまちの景観マネジメント

第8節　災害復興と地域になじむ景観マネジメント

社会や環境の変化に対応する

第9節　公共空間の再編と生きた景観

第10節　営みの変化と生きた景観——観光に着目して

		第7節	第8節	第9節	第10節
資源	地域ストックへの着眼	■		・	■
	公共空間		■	■	
	歴史・文化的資源	■			■
主体	行政のサポート			・	■
	外部や専門家の支援	■	■	■	■
	新たな担い手の参加	■			■
	民間事業者			■	
	地域コミュニティ		■	■	
変化	社会や環境の変化への対処			■	■
	避けては通れない変化	■	■		
アクション	社会実験などのトライアル	■		■	■
	イベントなどの仕掛け	・		■	■
	リノベーションなどの改修			■	
	空間や場のデザイン			■	■
制度・仕組み	制度・仕組みによる支援	■		・	■
	景観にかかわる制度活用		■		■
立地	地方・集落・農村	■		■	■
	都市部の市街地		■	■	・

第 **7** 節

空洞化・衰退する
まちの景観マネジメント

　全国的な人口減少と高齢化は、地方都市の中心市街地の空洞化・衰退や大都市の縁辺部や郊外の住宅地における空き家の増加を招いた。また、耕作放棄地や管理水準が低下した緑地の存在の顕在化が社会問題化して久しい。このような状況のなか、全国のさまざまな地域では、その課題解決や空き地・空き家の利活用へのトライアルがつづけられているものの、まちの景観が再生された例はまだ少数である。このような状況のなか、低未利用地や空き家の利活用に対して実践的に取り組み、生きた景観づくりにつなげている千葉県柏市と福岡県八女市を事例として取り上げ、生きた景観の再生を考察する。

1 低未利用地を市民の力で再生する──千葉県柏市

1 - カシニワ制度のはじまり

　柏市は、東京都心から約 30 km 圏に位置する人口約 40 万人の中核市である。高度経済成長期に市街地形成が進行したが、市域の約半分は樹林地、田畑、水辺などの緑地であり、都市に潤いや彩りを与えている。近年、管理負担の増加や相続対策などを契機とした樹林地の減少、都市公園の整備水準の低さ、管理水準が低下した空地が顕在化し、防犯、防災、景観などの観点から外部不経済をもたらしている状況が課題となった。この課題を解決するため、柏市は市民のみどりに関する活動意欲の高まりなどを背景に、2010（平成22）年 11 月、市民と行政が協力する「カシニワ」（「かしわの庭・地域の庭」と「貸す庭」をかけあわせた造語）制度を立ち上げ、みどりの保全・創出、人々の交流の増進、地域の魅力向上に取り組んだ。その

後、2018（平成30）年4月に柏市立地適正化計画が策定されたことを契機に、カシニワ制度は都市のスポンジ化（住宅地で無作為に発生する空家・空地が、治安や景観の悪化原因となって、まちが衰退すること）の抑制ツールとしても活用されることになり、さらに重要な役割を担う制度となった［図1］。

カシニワとは、一般公開可能な個人の庭（オープンガーデン）や「カシニワ情報バンク」を通じて活動を開始した場所を含む市民団体などによるみどりの活動の場（地域の庭）を広く公開する「カシニワ公開」である。柏市のホームページには個人の庭が74件、地域の庭が29件が公開されてきた（2020年11月時点）。

2 – 空間や活動を支える仕組み

❶ カシニワ情報バンク

カシニワ制度の特徴は、土地を貸したい土地所有者、土地を借りてみどりに関する活動をしたい市民団体など、みどりの活動を支援したい人の情報を市が集約し、マッチングを行う「カシニワ情報バンク」にある。登録されている土地は、駅の近接宅地、計画住宅地内の利用地、郊外の里山などの106件にのぼる。団体数は、里山や緑を守る会、水辺を活用する会、体験農園をつくる会、花壇を整備する会などの62団体である。たとえば、地元高校がNPO団体の協力のもと、樹林地の環境調査や森づくり

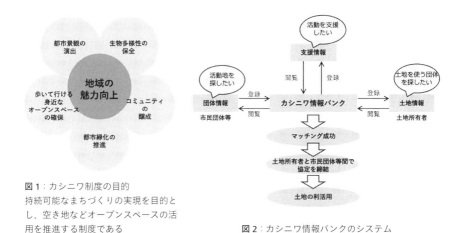

図1：カシニワ制度の目的
持続可能なまちづくりの実現を目的とし、空き地などオープンスペースの活用を推進する制度である

図2：カシニワ情報バンクのシステム

写真1：空き地を農園として活用　　　　　　写真2：未利用地を広場として活用

などの教育として活用されている［図2］。

❷カシニワ・フェスタの開催

　カシニワの増加や参加者の要望もあり、カシニワ登録地や柏の魅力を活かし、伝え、育て、みどりによるまちづくりへの参加者を増やすことを目的に、2013（平成25）年度から一斉公開イベントとしてカシニワ・フェスタを開催している。2015（平成27）年度は、協力地を含む76カ所において10日間開催され、期間中の来場者数は14,120人と前年の9,200人を大きく超える結果となり、カシニワ参加者のモチベーション向上にも寄与している［写真1・図2］。

❸多様な助成制度

　花壇に植える花苗の購入や森林整備のためのチェーンソー購入などのニーズの高まりを受け、市や柏市みどりの基金では、多様な助成制度を用意している。具体的には、苗木など資材費や用具など購入費、チェーンソー作業従事者特別教育講習費、緑地環境の創出に必要な植栽費、基盤整備費（造成・園路）、施設整備費（修景施設、休養施設、管理施設）などについて、民間都市開発機構および基金の拠出金を活用した支援制度を充実させている。

3 — 今後の課題と展望

　ここまで概観したように、カシニワ制度を通じて、市民間の交流が活発になり多世代がかかわる空間として活用されることで、身近な低未利用地が良質な生きた景観として再生された意義が読み取れた。また、フェスタを視察した限りではあるが、市民の方が楽しそうに活動している様子から、生きがいや喜びを感じる取り組みとして定着している印象を受けた。また、近年では、耕作されなくなった農地が農園の整備や子ども向けの体験農園として利用されるなど、都市近郊農業へも派生することで、それを享受する市民のライフスタイルの豊かさにも通じるであろうと推察される。制度が生まれておよそ 10 年。登録団体は専門性を持つ NPO や企業なども含まれるが、サークル活動の延長のような団体も存在している。また、担い手の高齢化も進行していることから、持続性のある取り組みとしていくためには、園芸や農園の整備や利用に対する専門家の技術的なサポートだけでなく、増えつづける管理水準が低下した樹林地や空き地を活用する市民団体などの育成、教育や福祉などの分野でのニーズの掘り起こしや連携などが課題であろう。このような課題に対して、「緑」以外の視点を持ち、市民団体や民間事業者にカニシワの維持・管理に協力してもらい、新たな活用策を検討している。その結果、地元農家とカニシワ制度の普及啓発に取り組む NPO 法人により、路地裏マルシェの開催と空き店舗を活用した農産物の直売所「ろじまる」の開店などの取り組みが進められている。このように、農業との連携という新たな展開により、低未利用地の活用と市民の暮らしが密接に関係することの認知が高まり、地域経済を基盤とした持続性のある取り組みの発展に、これからも注目していきたい。

2 八女福島のまちなみ形成と、それを支える産業
——福岡県八女市

　近年、大きな社会問題である空き家問題の対策として、2015 年に「空家等対策の推進に関する特別措置法」が施行され、全国各地でさまざまな対策が進められている。ここでは、人口約 6 万人の地方小都市、福岡県

写真4：重要無形文化財八女福島の燈籠人形
福島八幡宮の放生会に人形の燈籠を奉納したのが始まりであり、毎年秋に上演される。3層構造2階建の舞台は、祭りの時期のみ神社境内に建築されることから、ハレの時間・空間となり、まちなみに彩りとにぎわいを与える

写真5：八女福島の居蔵建築のまちなみ
江戸期から昭和初期までの町家建築が並ぶまちなみでは、昔ながらの職人が日々の営みを行っている風景もみられる

八女市福島地区（八女福島のまちなみ）での空き家再生・活用の取り組みを紹介する。

　八女福島は1587（天正15）年に筑紫広門が福島城を築いた城下町を起源として、まちなみが形成された。1620（元和6）年に福島城は廃城となり、その後は在郷町として八女地方の交通の要衝、経済の中心地として発展した。

　近世以降八女地方は、和紙、ハゼ蠟、提灯、仏壇、石工品、茶、林業などさまざまな特産品の開発や、それらを素材・原料とした工芸品の創作に取り組んできた。農林産物の生産・流通の拠点であることに加え、積極的な商工業の振興による富の蓄積で、町家建築が連続するまちなみを形成していった［写真4・5］。

1 - 近代化とモータリゼーション発展によるまちなみの変化

　近世から明治期まで八女福島は中心街として栄えたが、明治後期に道路網が整備拡大され、特に戦後のライフスタイルの変化、人口増加により八女福島周辺への新築需要が高まり、商業施設の開発が進み、八女福島の周囲には、環状線道路の完成などにより車社会中心のまちの骨格が形成された。こうした都市構造の変化によって、八女福島から商業機能がシフトすることとなった。このため八女福島は大きな開発がされず、伝統的な町家建築が連なる個性ある景観をつくり出す貴重な歴史的文化遺産が残った。一方、それらはメンテナンスされず放置されてきた「負の遺産」と捉えることもできよう［写真6］。

2 - 福島の町家・まちなみ景観と市民主体の動き

　八女福島の代表的な町家建築の特徴は、「居蔵」と呼ばれる防火構造の重厚な土蔵造りである。妻入母屋大壁塗込造りを基本とし、間口が狭く奥行きの長い敷地割ゆえに考案された中庭や通り土間は空間構成の質の高さを感じさせる。これらのまちなみの価値を市民や行政が見直す契機となったのは、1988（昭和63）年に「旧木下家住宅」が市に寄贈されて修理・復元に至ったことに加え、1991（平成3）年の大型台風の直撃によって被害を受けた町家が相次いで取り壊されたことにあった。変わりゆくまちなみに危機感を感じた市民有志が立ち上がったのである。

3 - 八女市の政策・制度と都市の空洞化・人口減少による
　　空き家の増加に対応する動き

　行政は、1995（平成7）年から「街なみ環境整備事業」を開始した。その後、八女福島のまちなみは、2002（平成14）年に「重要伝統的建造物群保存地区」に選定された。これまでに修理・修景されてきた伝統建築は120件以上となった。

　ただ、伝統家屋の保存をするだけでは意味がない。人が住み、商い、使いつづけることで建物もまちなみも生き生きとする。1990年代より空き家の増加が目立ちはじめ、有効な手立てが望まれていた。しかし、一般的

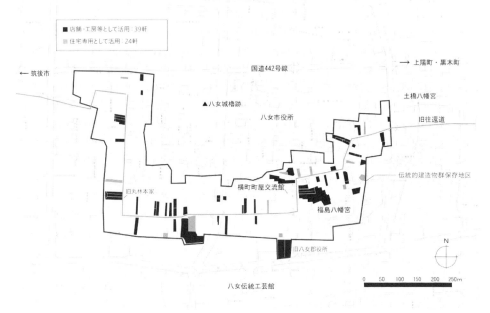

■ 店舗・工房等として活用：39軒
▨ 住宅専用として活用：24軒

← 筑後市

国道442号線

→ 上陽町・黒木町

土橋八幡宮

▲八女城櫓跡

八女市役所

旧往還道

伝統的建造物群保存地区

旧丸林本家

横町町屋交流館

福島八幡宮

旧八女郡役所

N

0 50 100 150 200 250m

八女伝統工芸館

図4：八女福島の空き家を再生・活用した実績
住宅専用、店舗・工房として活用されるなど、空き家活用が進んだが、
地域内での空き家予備軍への対応も進められているところである

な不動産市場では需要が見込めなかったことから、2003（平成15）年に空き家再生・活用を推進する「NPO法人八女町家再生応援団」を八女市職員有志で発足させ、空き家の紹介・マッチング活動を独自に開始した。空き家の実態調査に基づいて、所有者と借り手などの賃貸契約および売買契約を含めて、転入者の地域へのお披露目会などさまざまなサポート活動を展開してきた。さらに、2000（平成12）年には伝統家屋の建築専門集団「NPO法人八女まちなみデザイン研究会」が改修を担う体制をつくった。これらの取り組みによって、2019（令和元）年までに計63件の伝統家屋の空き家活用が進んだ〔図4〕。

4 ‒ 空き家を単に埋めるだけでなく、後世に持続的に継承する仕組みへ

　一方、空き家所有者の問題として、資金の調達・共有名義や相続人不明

などの所有権に諸事情があるケース、また売買希望の場合でも買い手が現れないケースが目立った。このままでは建物の老朽化が進み、危険家屋化の恐れがあったため、これらの課題について、一定のリスクを背負いながらも、所有者に代わり建物の改修から維持・活用までを代行する「管理委託方式」により、17件を再生・活用させてきた［写真6・7、図5］。

2015（平成27）年は、「NPO法人八女空き家再生スイッチ」が主体となり、20年以上空き家（廃墟状態）となっていた明治期の大型木造建築物「旧八女郡役所」を、多様な人々がかかわりDIYリノベで修復しながら、2017（平成29）年に再オープンさせた。大きなホールでは不定期にイベン

写真6：修理前の危険家屋状態
北棟：明治後期、中棟：明治中期、南棟：明治前期建築の3棟は、危険家屋となり周囲に不安を与え、所有者は取り壊しを考えていた

写真7：管理委託方式で修理後の外観
2006（平成18）年に修理を行った。2020（令和2）年現在、北棟：うなぎの寝床（店舗）、中棟：泊まれる町家 川のじ（宿）、南棟：みゅぜぷらん八女（店舗兼住宅）として活用中

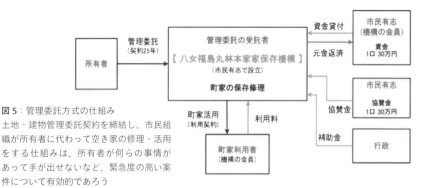

図5：管理委託方式の仕組み
土地・建物管理委託契約を締結し、市民組織が所有者に代わって空き家の修理・活用をする仕組みは、所有者が何らの事情があって手が出せないなど、緊急度の高い案件について有効的であろう

トも開催され、地元内外の人々が楽しく使える空間となっている。建物は
NPO所有、土地は行政所有という公民連携手法が実現したことも、今後
の空き家再生・活用として有効な手法となりえるだろう[写真10・11]。

5 - 今後の八女福島の生きた景観を支える仕組みづくり

　2000年頃から本格的に始まった八女福島における空き家再生・活用の
取り組みは、八女福島らしい店舗や工房・住まいを構える人々を受け入れ
る土壌をつくりながら地域内の信頼を地道に積み重ねつつ進めてきた。そ
して、少子高齢化の進行や都市空洞化が深刻化するなか、小さい経済活動

写真8：旧八女郡役所（大き
なホールでのイベント）
土間と木造大空間を活用し、
創作活動や展示・販売、芸術
活動や音楽イベントなどが不
定期で開催されている

写真9：修復後の旧八女
郡役所　大きな屋根が特
徴的な建物。廃墟化して
いた建物を少しずつ手を
入れながら修復してい
る。外部空間を活用した
園芸部も活動中

や地域活動、新しいコミュニティの担い手が生まれつつある。さらに、八女福島に惹かれた人々が空き家に入居を希望する良い循環も起きてきた。こうした地道に積み重ねてきた八女福島の活動は、次なる課題として不動産市場マネジメントの体制や、徐々に事例が出てきた空き地に対する新築景観ルールの徹底、さらに地域資源を産業と捉えた上で、市域を超えた周辺地域との連携が求められている。

最後に、八女市も関連する最近の取り組みを紹介したい。

2020（令和2）年10月、福岡県が空き家相談の一括窓口となる「福岡県空き家活用サポートセンター」を、全国で初めて都道府県単位で開設することになった。これまでの空き家対策の主体は、行政としては市町村単位、民間（地域、企業、NPO法人、大学など）が中心であったと思われる。このたび、福岡県が県内60市町村・不動産事業者・建築士・司法書士をはじめとした各専門団体と連携協定を結び、さまざまな課題整理を行った上で、空き家所有者と空き家活用希望者とのマッチングを、地域側と情報共有を取りながら進められることになった。

たとえば、都市部や県外居住の空き家所有者や活用希望者にとっては、わざわざ地方（田舎）の空き家所在地に行かずとも安心して相談ができる窓口になったり、空き家所有者が気軽に相談できる出張相談会を県内各所で企画されるなど、両者にメリットも多そうだ。八女福島の空き家活用の取り組みが生かせるところも大いにありそうである。

ただし、福岡県内であっても、市町村ごと・集落ごとに歴史や文化、産業、習慣、そして住人は違い、多様である。多様な主体と連携し、模索しながら新たな動きが各地で生まれていき、それらが少しずつ積み重なって福岡県各地での持続的な景観づくりにつながることを期待したい。

他方、空き家・空き地を取り巻く行政側の課題としては、税関連・所有権関連・都市計画規制・住宅政策の見直しなどについての改革が望まれるところである。

3 空洞化・衰退する まちの生きた景観の再生に向けて

　空き地や空き家などの低未利用地の活用は、依然として試行錯誤の段階にあり、当面はこの傾向が続くと考えられる。本節で取り上げた2つの事例から、今後の低未利用地の活用を通じた生きた景観の再生のヒントになり得ることが数点挙げられる。

　まず、地域、企業、NPO法人、大学、行政などの多様な主体が重層的にかかわっていることである。つまり、空き家や空き地問題は、単一の主体だけでは解決しがたい課題であることを示唆している。次に、環境、福祉、防災、地域コミュニティ、まちなか再生など、関連するテーマが輻輳している点である。これは、行政組織において、都市サイドだけで解決できる課題ではなく、関連組織の横断的な取り組みを通じて実現されており、都市や地域の持つ総合力が求められているともいえよう。最後に、人と人を繋ぎ、空間や営みなどの新しい価値を創造しようとする思想が感じられることである。生きた景観づくりのみならず、新たな担い手も掘り起こしながら、空間的価値から営みや生業へと昇華させる意図が働くことにより、生きた景観の再生が可能となるのではないかと考えられる。

参考文献

・柏市HP：http://www.city.kashiwa.lg.jp/soshiki/110600/p042713.html（2020年11月閲覧時）
・柏市みどりの基金HP：https://k-midori.net/kashiniwa/（2020年11月閲覧時）
・鈴木亮平「「カニシワ」から「ろじまる」へ」『地域開発』一般財団法人日本地域開発センター、2019年冬号、vol.628
・まちづくりネット八女HP：http://www.yame-machiya.info（2020年12月閲覧時）
・加藤浩司「八女福島伝建地区における「管理委託方式」による空き家修理・活用の試み」『日本建築学会技術報告集』15（29）、pp.281-284、2009
・内野絢香他「公民連携事業で改修された大型の木造建築物の活用による地域の交流拠点形成に関する事例研究：NPOの保存活用運動に始まる「旧八女郡役所」活用の取り組み」『地域施設計画研究』日本建築学会、38、pp.319-326、2020
・旧八女郡役所HP：http://gunyakusyo.com/（2020年12月閲覧時）
・『コロカル』連載「「リノベのススメ」明治から残る木造建築〈旧八女郡役所〉の再生プロジェクト」マガジンハウス、vol.177～179、2019.5～7
・（一社）福岡県建築住宅センターHP 福岡県空き家活用サポートセンター http://www.fkjc.or.jp/jigyo/iekatsu（2020年12月閲覧時）

第 **8** 節

災害復興と
地域になじむ景観マネジメント

　地域環境が大きく変化する要因のひとつとして、災害からの復旧・復興が挙げられる。激甚災害に指定されるような大規模災害においては、住民からの全般的要望に加え予算制度上の制約により、1日も早い復旧・復興が謳われることになり、行政諸分野に縦割りされた計画策定や事業実施の作業は同時並行して短期間に進展する。このような差し迫った状況にあって、屋内外の公的空間を整える景観の再構築は、行政諸分野を横断する対象を扱い、地域住民を含むさまざまな主体がかかわることから、災害により激変した環境への地域社会の適応を促す共通の課題となる。

　本節では、今日の人口減少、地域縮退の状況下における災害復旧・復興過程の景観マネジメントを扱う。そのために、東日本大震災により被災した2つの地域を取り上げるが、これらの地域は災害の様相に違いがある。ひとつは、地震・津波被害と再規定された都市計画により、新たな環境の構築が重視された地域（大船渡、大槌町）であり、もうひとつは、環境はある程度残りながらも、長期間立ち入り禁止とされたことで地域社会の離散・解体を余儀なくされ、地域社会の再始動・再編成がより重要な課題となった地域（南相馬）である。

　発災前後で地域やその営みが完全に断絶されるほどの大きく急激な変化を、生きた景観はどのように乗り越えようとしているのか考察する。

■ 復興の展開と景観マネジメント——岩手県大船渡市

1 - 官民共同出資のまちづくり「キャッセン大船渡」
「キャッセン大船渡」の特徴は"所有と利用の分離"と"BID（ビジネス活

性化地区）に着想を得たマネジメント"の仕組みである。津波復興拠点事業では土地を行政がすべて買収するため、整備後に売却しなければテナントはすべて借地となる。まちづくり会社あるいは行政が建物を建設し、テナントを募集すれば所有と利用を分離することができる。さらにキャッセンの場合はテナント料を安くし、その分をマネジメント料として運営資金にすることで、エリアマネジメントの推進を可能としている。

　JR大船渡駅のあった地域周辺を中心地とし、地域の経済・産業活動の中心としても再生することを目指している。JR大船渡線と国道に挟まれた区間には商業と住宅が混在していたが、復興事業ではJR大船渡線より海側に商業系、産業系土地利用を集めることで、移転先の確保と都市機能の集約化を図っている。大船渡駅近辺に仮設商店街が複数開設されたこともあり、被災後も商業地として市民に利用されており、まちの中心商業地としての再生が期待されている。

　しかし、大船渡市もほかの都市と同様に被災前から中心市街地の衰退が深刻化しており、復興後は商業・産業機能の集積と再活性化が求められていた。津波復興拠点区域は3地区に分けられ、駅前を観光・交流、川を挟んで近隣商業、西端を大規

写真1：キャッセン大船渡のモールと千年広場
単なる通路ではなく、店舗からの溢れだしや多様な利用を図るモール（上）と、その先にある商業施設と親水空間をつなぐ千年広場

模店舗群として位置づけている。さらに、官民共同出資のまちづくり会社「キャッセン大船渡」がエリアマネジメントを担うことで商業地としての活性化が試みられている。

　また、地元商業者が出店する区域では回遊性向上を図るために商店に挟まれた路地的空間から広場、親水空間への動線が整備されていることに加えて、幹線道路から駅前につながる車道はボンエルフが設けられるなど、空間デザインも工夫されている。特に路地的空間のモールは来訪者の回遊性と滞在性を高めることが期待される空間となっており、接続する千年広場は憩いの空間となっている。千年広場は木々とともに成長し、地域に親しまれることをコンセプトに掲げており、これから多様な活動を展開するなかで新しい景観が創造されることが期待される［写真1］。

2 - まちの顔と求心性

　まちは古より人々が集い、交流するなかで形成されてきた。災害復興では社会基盤整備の先行することが多いが、まちがまちとなるためには、その基盤を舞台として人々が集い交流する仕掛けが必要である。東日本大震災からの復興では多くの都市で津波復興拠点整備事業を導入し、まちの中心を先行的に整備する取り組みを行っている。

　通常の面整備では整備期間が長期にわたることが多い。求心性を失った状態が長期にわたると、自ずと人々の行動だけでなく意識も外へと向かうことが予想される。復興拠点はまちの中心を優先的に創造することで人々を引き寄せるとともに、中心から周辺へのまちづくりの展開を期待した取り組みである。ただし、商業施設を建設すれば良いというのではなく、人々を魅了するまちを形成しなければ、すぐに衰退する可能性が高い。また、各地の中心市街地の商店街が衰退しているように、中心商業地を建設するだけでは、数年で空き店舗になりまちの魅力が失われる可能性もある。東日本大震災からの復興において津波復興拠点整備事業を取り入れた地域では、商業施設の建設だけでなく、地域の人々が集うためのさまざまな工夫を試みている。そこで重要となっているのは人々が集い、使うことで創出される地域の顔、すなわち生きた景観である。

2 まちになじむ景観の創造——岩手県大槌町復興公営住宅

1 - 大ヶ口公営住宅の試み

大槌町大ヶ口の公営住宅には、建設にあたり単調にならない棟の配置、住民が祭りやイベントで集まりやすい広場配置、ポンプと水場の設置などさまざまな工夫が取り入れられている。特に各戸の前には小さな庭が設けられた。災害公営住宅には多くの高齢者世帯が入居することが予想されたため、近所づきあいやコミュニティ形成の仕掛けとして庭先の菜園や花壇づくりを可能とする空間を設けたものである［写真2］。

公営住宅は基本平面が規則的に並ぶため、単調で無機質な建物になりやすい。さらに、この地域では賃貸住宅や長屋住宅が少なく、多くの人が木造戸建て住宅で生活してきた。こうした経緯を踏まえて、早い段階から木造戸建ての公営住宅が検討された。しかし、大槌町中心部で浸水区域以外に可住地を造成するのは厳しく、大ヶ口も浸水した区域を盛り土して造成している。そのため限られた面積で多くの世帯が居住できる木造長屋形式となった。2018（平成30）年時点ではすべて入居済みで、高齢者だけでなく子育て世代も入居している。また、庭先には同じ花が植えられるなど統一的な景観もつくり出されている。このような小さな空間でも、住民が日々手を加えることでコミュニティの取り組みが次第に地域に広がり、馴

写真2：大槌町大ヶ口の災害公営住宅
入居時は各住戸前の小さな庭は土だけで何もなかった。住民が日々利用するなかで新しい景観がつくられてきた

染み、空間に変化を与えて場所を特徴づける景観へと深化することが期待される。

2 - 生活の再建と景観

　震災後、各地で進められている近代都市計画によるまちの基盤整備は画一的な面が強く、復興計画策定時には過去の歴史性や地域性の継承が危惧された。しかし、津波常襲地帯は度重なる津波による流失、創造を繰り返すなかで成長・発展してきた地域である。いつの時代も津波で流された後はこれまでとは全く違う空間が創出され、その上で人々が生活を営むなかで地域ごとの習慣、文化が積層され、独自の景観が育まれてきたはずである。リアス式海岸、段丘海岸のように何万年というスパンで変化した地形という風土の上に人間が居住し、1000年、100年というスパンで流失と再生、創造を繰り返すなかで三陸沿岸の景観はつくられてきた。それぞれの層において変化するスピードは異なっている。復興事業が担う基盤整備は風土の上につくられる舞台であり、そこに日々の生活が定着し、人々が受け継いできた風習や文化、産業活動などが浸透することで、生きた景観が育まれることだろう。

3 - 復興から生きた景観へ

　復興を画竜点睛に例えるならば復興計画は画であり、そこに睛を描き入れることが生きた景観の創造である。すなわち、基盤の上に人々の生活がどのように編み込まれていくのかが求められている。生きた睛は住まう人々のさまざまな工夫により実現する活動がつくり出すものである。大船渡ではまちづくり会社の活動推進に"所有と利用の分離"と"エリアマネジメント"の仕組みが取り入れられている。それによって空き店舗が生じないテナント誘致、利用者と商業者が一体となったイベント、さらにさまざまな営みが育まれることで景観の再構築へとつながっていくことだろう。また、大槌町では公営住宅の庭先や配置計画にさまざまな工夫が見られ、居住者が個々に工夫をすることで有機的な空間がつくり出されている。このような取り組みが、災害によって断絶された空間に地域に馴染ん

だ景観をつくり出し、やがて生きた景観へと転化していくことだろう。

❸ 原発災害を中心にみた南相馬市での 復旧・復興プロセスの特徴──福島県南相馬市

　福島県浜通り北部の中心的都市である南相馬市では、地震および津波のみならず福島第一原発事故による未曾有の被害を被った。ここでは主に原発事故に起因する被害からの復旧・復興プロセスを抽出し、これと生きた景観マネジメントとのかかわりに注目したい。

　まず、主に原発災害によりもたらされた被災状況の全般的な特徴は、宮城・岩手沿岸部の地震と津波による被災状況と比較すると、以下のように記すことができる。

❶原発災害に対する措置の長期化と比較的緩やかな復旧復興過程

　放射能汚染という未体験の災害に対する復旧復興の進捗には長期間を要したが、そのことは補償制度の整備と相まって、移住か帰還を選択するための時間的な余裕を従前居住者にもたらした。さらに避難指示の規制が段階的に解除されたことは、先行的に復興が進捗する近隣地域の状況を観察する機会を提供し、住民にとって意思決定の判断材料のひとつとなった。

写真3：駅前通りの出張カフェ（提供：岡田雅代）　長期間、昼間の滞在のみ許可された小高中心市街地では、閑散とした駅前に時間限定の店舗が出店し、一時帰還者のよりどころとなった

❷生活者および生活の消滅と物理的環境の残置

　地震による直接的な損傷とその後も長期間放置されたことによる損傷の拡大により、多くの建造物が解体されることになったとはいえ、一部の建造物と土地の区画形質や都市インフラは根本的な損害を免れ、震災前のまちや集落の面影は十全とは言えないまでも残置された。しかし、避難区域に指定された地区では、住民の立ち入りや宿泊が禁止されるなどして地域の営みがほぼ完全に消滅した状態となり、また、制限が解除された区域においても、低線量被曝に対する不安などから帰還者は限定的であり、日常が失われた生活は長期間に及んでいる。

1 - パイオニア住民による風景の回復

　そうした状況において、パイオニア的な住民による生活環境に対するさまざまな先行的取り組みが、問題解決の突破口を開き、日常の生活を徐々に回復していく力となった。

　市の中心部では発災後半年足らずで原発事故にかかわる避難区域の指定が解除されたが、未体験の放射能汚染に対する不安や、住民の国や行政に対する不信は根強かった。早期に市域内に帰還していた居住者でさえ当初は外出を極力控え、日常の些細なことにも放射線の被曝リスクを確認しながら「折り合いをつけながら生活をしている」状態であり、かつての生活スタイルは失われたままであった。

　だが、2012（平成24）年8月に開催された「みんな共和国」は、震災後初となる屋外遊び場の運営イベントであり「安心してこどもたちが遊べる常設の遊び場づくり」を目指したものだった。事の発端は、発災後にさまざまなテーマで活動していた15団体が2012年2月に実施した集会イベント「南相馬ダイアログフェスティバル」であり、そこから発展して子どもの遊び場を計画するグループが形成されたことによっている。このグループが中心となり、春休みには公共施設を借り切った屋内遊び場が開設されることになるが、主催者側の予測を外れて「連日の大にぎわい」となり、3000人超を動員することになった。その後、放射線量の測定や広場の維持管理方法の検討を重ねるなどして安全性の検証を行いながら、上記

写真4：南相馬ダイアログ
フェステイバルで開催され
た「お父さん会議」（提供：
岡田雅代）
放射能問題と子育て環境を
テーマに掲げた会議には、
問題意識を共有するさまざ
まな人たちが集った。フェ
ステイバル会場には、その
後、遊び場の開設だけでな
く、地域を取り戻すために
さまざまな活動を牽引する
ことになるキーパーソンた
ちの多くが参加していた

写真5：初夏の菜花畑（提
供：岡田雅代）
汚染土壌の浄化機能が期待
された油脂植物が市内各所
で栽培され、環境への小さ
な働きかけを表す象徴と
なった。搾油された菜種油
は現在も販売されている

の屋外遊び場の開設へと結実させたのである［**写真4**］。

　除染が進み規制も解除されて、かつての日常が当たり前になった今だか
らこそ普通に見える屋外イベントであるが、当時はまだ放射線の外部被曝
に対する不安や恐怖感が強くあり、「無謀だ」という人もいる「壮大な計
画」であった。放射線量の基準の主観的な評価は相対的なものであること
を勘案すれば、このような取り組みがなければ、屋外での活動の再開はさ
らに遅れていたはずである。

　行政サイドからは民間サイドの具体的な取り組みを提案し難い状況で、
生活環境を回復しようとするパイオニア住民による先駆的な挑戦が、多く

の住民に勇気を与えると同時に、力の結集を促して解決策を見出し、日常を取り戻すことに貢献した。特に景観に直接働きかける活動は、情報伝達も容易で、共有しやすく、多くの住民を動員して新しいソーシャル・ネットワークを再構築する重要な契機になったといえるだろう［**写真5**］。

2 — 既存の生活環境への関心の高まり

　他方で震災前には見過ごされていた既存の生活環境を見直し再評価しようとする動向を公的、私的なさまざまなレベルで確認することができる。

　たとえば南相馬市庁内では、除染作業が完了したとしても居住者の帰還が容易には見込めない状況において、いったん故郷を離れた人たちに帰還してもらうためには「地域の誇りを呼び戻すこと」が重要であるとして、「慣れ親しむものや先祖から受け継ぐものを守る」ために、市文化課は歴史文化基本構想の策定に着手することになった。この計画は「地域の人々の暮らしの中に埋もれた」歴史文化までも総合的に把握し保存・活用していくことが企図されたものであり、そのための基礎作業として、震災前に十分には行われてこなかった歴史的建造物に対する広範な調査が実施された。調査により新たにリストアップされた建造物の多くは震災被害と所有者の意向により解体を余儀なくされたが、市文化課や民間支援団体の積極的な働きかけにより、これらの建造物のうちのいくつかは修繕などして存置されることになった。また、策定された歴史文化基本構想は、生活環境

写真6：近代建築の見学会（提供：岡田雅代）
所有者の理解と協力を得て一般公開の機会が設けられ、登録文化財となったものも少なくない

のなかに存在する身近な事物とのかかわりをもたせて住民に普及させることに注意が払われており、後述の小高行政区における住民主体のまちづくりにおいても活用されている［写真6］。

2016（平成28）年7月の避難指示解除にあわせて市と東京大学との委託契約に基づき開設された小高復興デザインセンターによる取り組みにも共通点を見出すことができる。同センターは南相馬市小高区を対象として「将来像を構想し、帰還者が安心できる生活を支える体制づくり、被災前とは別の場所で暮らす方や外からの支援者と小高を繋ぐ仕組みづくり」を主たる任務としており、同区内に存在する39の行政区（それぞれ数十人程の居住者からなる）を基本単位として、住民が主体となって進めるまちづくり活動をきめ細かく支援している。［写真7］。

取り組みの内容や将来像の構想へとつながる計画の進捗の度合は地区ごとに異なるが、話し合いの場面では、新たな施設の建設や生業の再整備よりも、むしろ放置されていた土地・建物の管理の具体策の検討が優先され、そのための手がかりを提供する地域の現状や歴史に関する理解の深化が課題とされた。維持管理システムの構築が進んでいる地区もあり、先行する行政区では、すべての地区住民の義務的加入により区域内のすべての地所を一元的に管理する体制が整えられている。また、計画づくりにおいては、従来のように将来人口の数値目標を定める方法はとらず、まずは従

写真7：集会施設での会合
（提供：小高復興デザインセンター）
それぞれの行政区における課題や住民の関心に合わせてテーマが設定されて、なじんだ地域の見直しが始まった

前居住者や新たな入居者から「選ばれる地域になる」ことが目標とされており、外在的な条件に依存するのではなく、内在的な要因をマネジメントすることで達成可能となるより本質的な条件を掲げていることが注目される。

　以上にみてきたように、これらの取り組みの過程では、地域の歴史や地勢、自然環境に向き合い、読み解く活動が活発化しており、居住者がこれまで漠然と接していた地域環境を見つめ直し、その価値を再評価するところから計画づくりの素地を共有していく雰囲気が醸成されていることが確認される。さらに、紙幅の都合で割愛したが、こうした地道な取り組みに関しても、地域で活動するパイオニアたちを中心とした個人的な努力が公式・非公式に積み重ねられていることを付記しておきたい。

３ 災害を乗り越える景観マネジメント

「災害・復興は社会のトレンドを加速させる」という側面にも目を向けておきたい。ここに取り上げた東日本大震災の事例では、超高齢化社会に差し掛かっていた多くの被災地域において、従来の計画体系との矛盾を抱えたまま進行していた人口減少と高齢化に伴う諸々のトレンドが一気に進展し表面化して、災害による直接的な物的・人的被害がもたらした地域環境の断絶をさらに拡大した。

　しかし、「地域や街を取り戻そう」「景観を取り戻そう」とする取り組みは、関係する多様な人々に、災害により失われた自らの生活環境全般を見つめ直す機会を提供し、地域固有の歴史や地理的条件、生活習慣などへの関心を喚起すると同時に、ソーシャル・ネットワークの再構築を促し、生き生きとした地域社会を再び育む貴重な場となった。

　さらに、地域建設の新しいルールと仕組みづくりは、住民らの代表として認知された地元キーパーソンとさまざまな分野の専門家を中心とした集中的な協議により進められ、危機的状況だからこそ速やかに共有され合意に至った。それらの内容は、住民らの記憶や経験に基づき、地域の文脈を反映した都市空間を設えることにより、コミュニティの再定着を促進する

ことが企図された。しかしより重視されたことは、新しい生活の中心として長期間安定的に「使いこなす」ことが可能な場の創出であり、一時的にもたらされる大きな復興予算に惑わされるのではなく、全般的な縮退傾向を前提としながら、地域社会の実情や実態に即して身の丈に応じた枠組みを創造することが志向された。

　このような生きた景観マネジメントには、災害により生じた断絶を短期間に架橋するだけでなく、復興期間後も継続する変化に対応してゆく役割が求められ、それらの営みも含めて計画への評価が下されることになる。

参考文献

・大槌町、UR 都市機構「大ヶ口地区災害公営住宅パンフレット」2014
・大船渡市「大船渡地区津波復興拠点整備事業基本計画」2014
・須藤栄治・高村美春・宮森佑治・高橋美加子著、岡田雅代編「くらしの再建と景観」『日本建築学会大会都市計画部門 PD 資料集』2012、pp.13-22
・岡田雅代「暮らしの再生と地域づくり—南相馬市における市民による復興まちづくりを事例に—」『日本計画行政学会第 36 回全国大会研究報告集』日本計画行政学会、2013、pp.227-228
・岡田雅代「プロジェクトを核とした地域の再編」『2015 年度日本建築学会大会農村計画部門 PD 資料集』2015、pp.47-50
・南相馬市「歴史文化基本構想」2018
・小高復興デザインセンター HP：http://td.t.u-tokyo.ac.jp/odaka/（2020 年 11 月閲覧時）
・窪田亜矢、李美沙、萩原拓也、益邑明伸「原発複合被災の土地利用・管理への影響把握と集落単位による対応に関する研究——避難指示解除を経た福島県南相馬市小高区浦尻行政区を対象として」『日本建築学会計画系論文集』第 85 巻、第 773 号、2020、pp. 1491-1501
・文化庁「歴史文化基本構想」策定技術指針、2012
・国土交通省「復興まちづくりイメージトレーニングの手引き」2017

謝辞：南相馬の事例については、「景観ルックイン 2018 in 南相馬」における配布資料や地元関係諸氏からの貴重な体験談・情報提供によっている。ここに記して謝意を表したい。参考 URL https://keikansyouiinkai.jimdofree.com/topic2-景観ルックイン / 景観ルックイン 2018-南相馬 /

公共空間の再編と生きた景観

　人口減少と高齢化に喘ぐ日本の各都市では、都市の魅力やにぎわいづくりに力を入れ、多様な景観を生み出す試みがみられる。近年では、タクティカル・アーバニズム、プレイス・メイキング、ストリート・デザインマネジメントなど、公共空間の使いこなしによるアクティビティの創出を支える多くの概念が生まれている。本節では、KOBE パークレット、日本大通りを事例として取り上げ、道路空間の再編によって、空間資源の質を高め、多様な主体が道路空間を思い思いに利用できる、変化に富んだ生きた景観を考察する。

1 道路空間で人々が自由気ままに過ごす生きた景観
――神戸市・KOBE パークレット

1‒ KOBE パークレットの生きた景観

　パークレットは、車道の一部（停車帯）を歩行者と共用する空間で KOBE パークレットが日本で初めての取り組みといわれている。そこでは、パークレット空間の中の芝生で遊ぶ子どもをベンチから見守る母親、

［左］**写真 1**：KOBE パークレット*¹　紅茶試飲イベント時の生きた景観（提供：神戸市）
［右］**写真 2**：日常時の KOBE パークレット　仕事の合間の携帯電話での通話や、日陰での読書など、パークレットを自由に使っている

おしゃべりに興じるグループ、テーブルでの飲食、スマホ操作をしながら待ち合わせする姿などがみられ、まちに新たなにぎわいが日常的にもたらされている。また神戸マラソンでのジャズ演奏による応援、紅茶イベントでの紅茶の無料提供の場にも使われ、三宮に新たな風景が生み出されている［写真1・2］。

　2016（平成28）年10月からの社会実験時は三宮中央通りにパークレットが3基（タイプA、B、C）設置された［図1・表1］。その後、好評により継続され、現在は京町通の神戸市立博物館前を加えた4基が設置されている。

表1：KOBE パークレットのタイプ

タイプ	デザインの特徴	利用の想定
A	ローテーブルとそれを囲うベンチ。	グループ。長時間の滞在。
B	対面式ベンチ、人工芝のミニ・プレイグラウンド。	少人数。子連れの買い物客等。中時間の滞在。
C	カウンターテーブルとスツール。	オフィスワーカー等の個人。短時間の滞在。

図1：KOBE パークレット（タイプA、B、C）配置図
A、B、Cの3種類のパークレットが、三宮中央通りに設置されている。
Bは駅に近い交差点に移設された

2－人と公共交通優先の空間の実践を支える環境

　神戸市は1995（平成7）年の阪神・淡路大震災により、復興を最優先とする施策を展開せざるを得ない状況となった。震災後20年超が経過し、一定の復興を経て、神戸の都心の活性化への機運が高まり、2010（平成22）年以降は公共空間の整備や再編が立てつづけに実施されてきた。その実践のひとつがKOBEパークレットである。

　KOBEパークレットを設置した三宮中央通りでは、「三宮中央通りまちづくり協議会」という地域団体によって、年に2回歩道空間を活用したオープンカフェが開催され、すでに道路空間の活用や維持管理についての実績があった。そのため、パークレットの維持管理も協力してもらえる状況が整っていた。

　行政計画に着目すると、人々が主役のまちをつくっていくために、2015（平成27）年9月に、神戸の都心の未来の姿「将来ビジョン」と三宮周辺地区の「再整備基本構想」が策定された。「人」がまちの主役という考えのもと、「居心地の良さ」を軸に、訪れ、働き、住みたくなるまち、新たなことが生まれ発展しつづけるまちの実現を目指している。2018（平成30）年9月には、三宮の6つの駅をひとつの大きな空間「えき」と捉え、周辺の「まち」との連携を高め、利便性と回遊性を高めた空間のビジョンを示した「神戸三宮「えき≈まち空間」基本計画」が策定された。歩行者優先の整備とまちづくりが推進されており、KOBEパークレットはその計画を推進する有効なツールといえよう。

　また、維持管理費などの費用の捻出のため、2017（平成29）年10月・12月の試行を経て、広告物設置事業が実施されている。道路環境の向上やその他営利を主目的としない活動または事業を日常的に行っている団体（活動主体）が、「三宮中央通りにおける公共的な取り組みに要する費用への充当を目的とする広告物の取扱要綱（2018年4月1日施行）」などに定めるルールに基づき、一定の条件を満たした協賛者を選定する。そして、その協賛者が活動主体に協賛金（1週間6万円）を納め、広告物を設置することができる。協賛金を地域での公共的な取り組みにかかる費用に充てることができ、かつ広告物によりパークレットのにぎわいをさらに高めるという

効果が期待されている。

3 – パークレットの特徴と課題への取り組み

KOBE パークレットは約3.4 m の奥行きがあり、車道に近い側にプランター置き場兼囲いが設けられている［図2・3］。囲いは安全性を確保するためのもので、車両衝突時にも耐えられるよう、ガードパイプ（可動式基礎）が地中に埋められている。囲いの高さは1.14 m が標準設計値であるが、社会実験後の B タイプの移設時には、囲いの高さを15 cm 低くしたいという地元からの要望があった。その理由は、パークレットが設置されていない側の店舗を、パークレットで座っている状態から見えるようにし

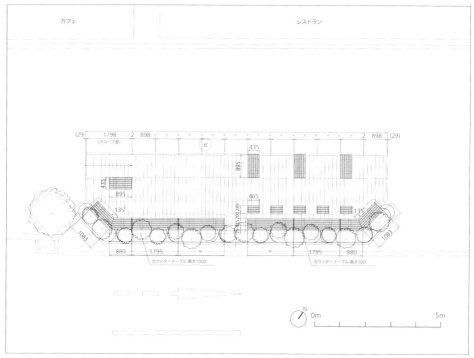

図2：KOBE パークレット、C タイプ、平面図（提供：神戸市）
C タイプのパークレットはカウンターテーブルとスツールを設置し、個人での短時間利用を想定している。カウンターテーブルでは、立った利用と座った利用の両方を想定し、さまざまな利用に対応できる仕掛けとなっている

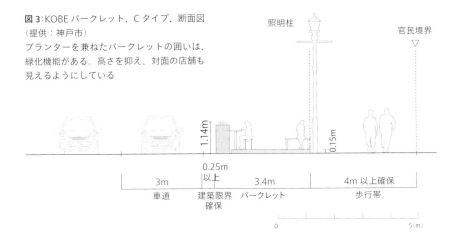

図3：KOBE パークレット、C タイプ、断面図
（提供：神戸市）
プランターを兼ねたパークレットの囲いは、
緑化機能がある。高さを抑え、対面の店舗も
見えるようにしている

照明柱　　　　　　　　官民境界

1.14m

0.15m

0.25m
以上

3m　　　　　　　　　3.4m　　　　　　　4m 以上確保

車道　　建築限界　パークレット　　　　　歩行帯
　　　　確保

0　　　　　　　　　　　　　　5(m)

たいという理由からである。

　パークレットの設置には 1 基につき 10 日間、コストは約 500 万円を必
要とした。設置作業は神戸市中部建設事務所が担当した。

　パークレットは移設可能な設置物であるため、今後にぎわいを積極的に
生み出したいところに戦略的に設置できる[*2]。神戸市は、歩行者数の多い
箇所や滞留しやすい箇所をビッグデータによる分析によって導き出し、新
たな設置箇所を検討中とのことである。また、気温の高い猛暑時はパーク
レットの利用者が減少するため、パークレットのパラソルや囲いにミスト
を設置するなどの異常高温対策の実験を実施する予定である。

4 - パークレットによる生きた景観づくりの今後

　パークレットの設置によって、歩行者交通量が多くなる傾向や、車道の
一部をパークレットに利用しても自動車交通に大きな影響がなかったこと
が効果として確認されている。パークレットのように、小さな滞留空間を
数十 m の間隔で設置することで、赤ちゃんを抱っこした母親や高齢者の
方々が座って休憩したり、飲食をしたり、打ち合わせの準備をしたりなど、人々がしたいことをしたい時にできる風景が増えていくだろう。この
シーンの変化と、どんな時も人がいるという景観が、生きた景観のひとつ
だと考える。

図4：KOBE パークレット B
タイプ、イメージパース
パークレットによって、歩道
が人が往来する動線空間か
ら、会話・待合せ・読書・飲
食などの種々の活動が生まれ
る空間となる

　地域団体の維持管理の協力を得て、パークレットの設置により、目に見
える風景のバリエーションが増え、平日、週末、朝、昼、夕刻と、風景が
さまざまに変化するライブ感のある景観が生み出されている。パークレッ
トを戦略的かつ持続的に設置するためには、パークレットの設置による周
辺店舗への影響や、周辺の店舗の用途によるパークレットの利用の変化な
どについて、さらなる調査が必要である。

2 空間と営みの融和が編み出す生きた景観
──横浜市・日本大通り

1 - 横浜都市デザインによる　景観づくりの蓄積

　横浜の都市デザインの歴史やこ
れまでの積み重ねについては多く
の方が論じているため詳細は割愛
するが、横浜市景観ビジョン*³
（2006 年策定、2019 年改定）にもそ
の精神が引き継がれている横浜都
市デザインの「7 つの目標」につ

写真 3：日本大通り　歩道上に設置されたベンチ
で思い思いの時間を過ごしている

いて触れておきたい［表2］。個性
と魅力のある都市空間形成に向け
て、主役となる人（歩行者）の営
みだけでなく、背景を含めた空間
を大切にし、さらには感性も大切
にしていることがわかる。

表2：横浜都市デザイン7つの目標

1. 歩行者活動を擁護し、安全で快適な歩行
   空間を確保する。
2. 地域の地形や植生などの自然的特徴を大
   切にする。
3. 地域の歴史的、文化的資産を大切にする。
4. オープンスペースや緑を豊かにする。
5. 海、川などの水辺空間を大切にする。
6. 人々がふれあえる場、コミュニケーショ
   ンの場を増やす。
7. 形態的、視覚的美しさを求める。

2 - 日本大通りに見る生きた景観

　関内地区の中心軸である日本大通りは、官民の丁寧な協議調整、活用に
かかる多様な担い手の参画、さまざまな制度の効果的な活用により、都市
デザインの成果として横浜を象徴する通りのひとつで、1870（明治3）年
に防火帯として整備された幅員約36 m、延長約430 mの日本最初の西洋
式街路である。2002（平成14）年に地下駐車場の整備や、みなとみらい線
開通を契機に「開港の歴史の地を結ぶ並木道」をコンセプトに、歩行者に
やさしい道路として再整備されている。

　沿道建物オーナーを中心とする多様な担い手の参画によって時間や季節
ごとに移り変わる景観が演出され、空間と人の営みが群としての景観を生
んでいる様相はまさに生きた景観となっている。

写真4：座りやすいデザインとなっている柵や地元組織によって運営されているオープンテラスに
座って過ごす人たち

3 – 生きた景観を支える空間要素

　ここで、生きた景観としての日本大通りを構成しているのは、❶ビスタ・眺望（の確保）、❷沿道建物（の保全・活用：市認定歴史的建造物）、❸歩車道空間（の設え：幅員、断面、舗装材、ストリートファニチュア、標識・サイン、オブジェなど）、❹イチョウ並木（の保全：景観重要樹木の指定）、❺オープンカフェ（の設置：にぎわい創出に資するマネジメント体制）、❻制度活用（そのほか街並み保全・創出にかかる地区計画・都市景観協議地区）、❼利用者・滞在者を挙げることができる。

　まず、景観の骨格となっているビスタ・眺望を確保するために、並木に囲まれた中央の軸線上に照明器具などの構造物が存在を主張しすぎないように配置や素材について、道路管理者（道路部局）と調整部局（都市デザイン室）などの協議を経た上で整備している［図5］。

　そして、日本大通りの沿道建物の多くは震災復興期に建造されたものが多く、道路再整備と同時期に行われた沿道の建造物整備では、低層部に歴史的建造物を残しながら後方に高層部を建てるなどの工夫をすることによって歴史的景観の保全を図っている。さらには、周辺部のデザインも景観の支障とならない配慮が重視され、地下駐車場の換気口や沿道建物の外壁素材を統一したり、沿道建物の装飾モチーフをデザインに取り入れるなどの工夫が協議調整によって実現している。

図5：日本大通りの生きた景観を構成する要素
快適な滞留空間・通行空間となるよう、各構成要素が丁寧に協議されてきた

写真5：立ち寄り利用やお昼休憩
など近隣で働く人や来街者がさま
ざまな使い方をしている

4 ‐ 生きた景観を彩る日常的な利活用

　2019（平成31）年1月時点で、沿道3店舗が公道で歩行者空間を活用し
たオープンカフェを実施しているが、実施にあたっては、官民連携により
ハードとソフトが一体的にマネジメントされている[*4·5]。地元組織による
イベント実施ガイドは複数回改定され、まちづくりの理念や利活用の経緯
などが示されている。単発的なイベントによるにぎわいづくりだけでな
く、一定期間実施するイベントなども積極的に開催・誘致されている。

　このような工夫や継続的な取り組みによって、沿道施設の営業時間を問
わず、イス・テーブルや植栽防護柵では早朝から日が暮れる遅い時間ま
で、立ち寄り利用や休憩、おしゃべり、待ち合わせなどさまざまな利用が
見られる。目的をもって訪れるばかりでなく、無目的に訪れている利用
者・滞在者も相当数見られ、日常の景観に彩りを添えている［写真5］。

3 多様な主体がかかわり、
変化に富んだ景観を生むヒント

　KOBE パークレットと日本大通りの事例を通じて、公共空間において生きた景観を生み出すヒントを考察する。空間に着目すると、神戸市も横浜市も、景観行政に長期間にわたり力を入れてきた自治体であるため、歩行者空間の質（舗装のデザイン、ストリートファニチュアへのこだわり、街路樹が立派に生育しているなど）が高い。質の高い公共空間を資源として、歩行・休憩・読書などの日常的な活動や、イベント開催時の非日常な活動をする人々を際立たせ、リラックスしている人々を中心とした心地よいシーンを生み出している。そして、多様な生きた景観を生み出すためには、アクティビティを生む一定の広さが必要で、KOBE パークレットは広い車道の一部を、日本大通りは広い歩道の一部を活用できている。また、きめこまやかなデザイン調整も生きた景観づくりに効果的である。KOBE パークレットは、対面の店舗をパークレットのベンチに座っている状態で見てもらえるように、囲いの高さを 15 cm 低くする対応をとった。日本大通りでは、関係部局間の景観デザイン協議によって、照明器具などの構造物が存在を主張しすぎないように配置や素材を配慮し、地下駐車場の換気口と沿道建物の外壁素材を統一し、沿道建物の装飾モチーフをデザインに取り入れるなどの工夫がある。このようなきめ細やかな配慮の蓄積が、人々が無目的でも過ごしやすい空間の魅力を増しており、社会人、友人同士、カップル、家族などの多様な主体が、平日・休日問わず利用できる、変化のある景観を生み出している。

　営みの観点では、周辺の主体がパークレットの利用者が心地よく憩える方法や空間のあり方を考えながら、維持管理や空間運営の一端を担っている。また行政は、主体となる地域の担い手などをサポートする仕組みを整え、連携している。各主体が当事者意識で空間の管理に取り組むことで、多様な人々がその空間で思い思いに過ごせる環境、すなわち生きた景観を生み出している。

参考文献

1　神戸市 HP、KOBE パークレット 好評により継続します！！ https://www.city.kobe.lg.jp/
　　a57337/shise/press/press_back/ 2017/201703/20170328300301.html（2019/12/5 閲覧時）

2　HélèneLittke, "Revisiting the San Francisco parklets problematizing publicness, parks, and
　　transferability," Urban Forestry & Urban Greening, Vol.15, pp.165-173, 2016

3　横浜市都市整備局都市デザイン室編「横浜市景観ビジョン 景観づくりが、横浜を豊かにする」
　　2019

4　出口敦・三浦詩乃・中野卓編著『ストリートデザイン・マネジメント──公共空間を活用する
　　制度・組織・プロセス』学芸出版社、pp.96-98、2019

5　横浜市：道路占用を伴う日本大通りイベント実施ガイド〜地域と一体となったイベントの開催
　　に向けて〜、2019

6　武田重昭・佐久間康富・阿部大輔・杉崎和久編著『小さな空間から都市をプランニングする』
　　学芸出版社、2019

7　園田聡『プレイスメイキング アクティビティ・ファーストの都市デザイン』学芸出版社、2019

謝辞：本稿の執筆にあたり、神戸市建設局道路部計画課にヒアリング調査を実施し、資料と情報を
ご提供いただいた（2019/6/4）。ここに謝意を表する。

第 **10** 節

営みの変化と
生きた景観──観光に着目して

　景観法制定の経緯にも表れているように、本来、"景観"と"観光"は、いわば車の両輪のように両立すべきものであろう。しかし一方で、観光振興を急ぐあまり、あるいは想定を超えた観光客の急増に対処するため、地域住民の生活とは切り離された景観整備が進められ、「誰のための観光振興か」、「何のための景観整備か」、という声も少なからず聞こえてくる。そうしたなか、観光形態の変化や増加しつづける観光客に柔軟に対応しつつ、さらに地域住民のニーズに応えながら、生きた景観を生み出しつづけているまちに着目する。

　本節では、世界遺産を生かしたまちづくりを進める静岡県富士宮市、生業の農業と観光客が共存する北海道美瑛町を取り上げる。

1 富士山世界遺産登録と外国人観光客で変化する
　　生きた景観──静岡県富士宮市

1 - 富士山本宮浅間大社と鳥居前町

　富士宮市の中心市街地のまさに中心に鎮座するのが、世界遺産富士山の構成資産である富士山本宮浅間大社である。浅間大社は、富士山麓に数ある浅間神社のなかで最も早く成立したもので、全国の浅間神社の総本宮に位置づけられる［写真1］。806（大同元）年に、山宮浅間神社のある場所から現在の場所に移され、境内には豊富な地下水が湧出する湧玉池がある。浅間大社は、富士山登拝の起点として多くの参詣客を集めてきた。

　浅間大社参道入り口の鳥居の前を東西に横切る現在の中心商店街は、浅間大社の鳥居前町として形づくられたもので、現在、この東西軸とその周

写真1：富士宮本宮浅間大社
「絹本著色富士曼荼羅図」（室町後期）には、浅間大社の湧玉池で垢離を取り、そこから富士山に登拝する人々の姿が描かれている

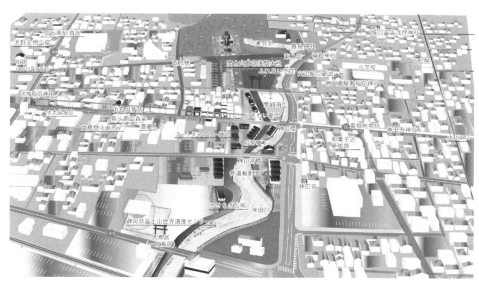

図1：富士宮本宮浅間大社の参道
浅間大社参道入口の鳥居の前を東西に横切る現在の中心商店街は、浅間大社の鳥居前町として形づくられたもので、1890（明治23）年に刊行された「官幣大社富士山本宮浅間神社境内全図」には、人々が行き交うまちの様子が描かれている

辺には、日用品を扱う商店のほか、浅間大社の祭礼に合わせて法被などの関連用品を販売する商店や呉服店、法被を製造する染物工場などが建ち並ぶ。この東西軸に加え、2017（平成29）年の「静岡県富士山世界遺産センター」開館を契機に、新たな観光動線となる南北軸の整備が進められている［図1］。

2 ‐ 生きた景観の基盤整備と新たな居場所づくり

　1992（平成4）年「富士宮市都市景観形成基本計画」策定以降、中心市街地商店街（東側）の街路拡幅および無電柱化、地区計画策定、湧玉池から参道に並行して流れる神田川の修景整備、神田川沿いの「富士山せせらぎ広場整備」など、中心市街地をはじめとしてさまざまな景観形成が進められてきた。さらに、2010（平成22）年に景観法に基づく景観計画が施行され、富士山への眺望保全などの景観施策が進められてきた。こうした基盤整備を踏まえ、世界遺産を生かしたまちづくりを進めるため、2015（平成27）年3月には「富士宮市世界遺産のまちづくり整備基本構想」が策定されさまざまな空間整備が進められている。

写真2：神田川ふれあい広場の親水池で遊ぶ子どもたち
湧玉池の湧水を利用した親水池を中心に、誰でも利用できる想いの場として生まれ変わった

具体的には、浅間大社に隣接する「神田川ふれあい広場」のリノベーション（2016年）をはじめとして、事業コンペにより神田川を挟んだふれあい広場の対岸に位置する市有地では、飲食施設「Mt. Fuji Brewing」（2019年）がオープンした。また、今後、南北軸の動線を強化すべく神田川沿川の空間整備も予定されている。

　ふれあい広場のリノベーションでは、計画・設計過程から地域住民や各種組織へのヒアリングに基づくニーズの分析や観光動線の分析が重ねられ、複数の設計案が比較検討された。その結果、遊具に代わり芝生に覆われた築山が設けられたほか、湧玉池の湧水を利用した親水池が新たに創出された。さらに富士山への眺望に配慮しつつ、神田川や公園全体を眺めることのできる四阿（あずまや）が設置された。浅間大社の聖なる空間と日常空間の接点として、また観光客と地元住民の接点として、さまざまな居住まいを見ることのできるふれあい広場の景観は、富士宮市を代表する生きた景観といえよう［写真2］。

　こうした空間整備に共通するのは、使う人を限定しない、多様な人々が共有できる空間づくりである。つまり、観光客のため、地域住民のため、子どもたちのため、お年寄りのため、催事のため……といった利用者や利用機会、利用時間を限定せず、いつでも、誰もが利用しやすいように配慮した空間づくりが進められている。

3 − 観光客増加を受けて地域で生まれてきた活動

　一方、世界遺産登録により増加する観光客の受け入れ態勢が追いつかず、富士宮に滞在しようとも飲食店や観光スポットの情報が得られず、さまよう外国人が増加した。そうした状況を受け、新たな活動が生まれている。

❶空きビルを活用したゲストハウス

　富士宮駅から日帰り予定で軽装のまま富士山に直行する登山者が多かったことを受け、宿泊を伴う富士登山の心構えを伝える拠点づくりを目的として、2017（平成29）年に空きビルを改装したゲストハウスがオープンした。結果的に富士登山の心構えを伝えるだけではなく、富士宮の食べ歩き

や散策など、富士宮の文化を知ってもらうことにも役立っている。また、ここでは、富士山登山だけではなく、染物体験や着付け教室の案内なども
しており、外国人観光客に対する情報発信の拠点も担っている［**写真3**］。

❷ 酒蔵工程と富士山の歴史を学習できる酒蔵見学ツアー

　世界遺産登録を受け、2015（平成27）年頃から酒蔵見学ツアーを始めた。
もともと富士宮浅間大社の近くで1830（天保元）年に酒造りを始めたとい
う由緒ある酒蔵で、富士山の伏流水を使ったお酒で人気がある。

　酒蔵見学ツアーは、酒蔵の工程だけでなく、江戸中期頃の歴史ある薬師
如来像を拝め、富士山の恵みと浅間大社の歴史を同時に感じることができ
る貴重な場所となっている。明治時代の神仏分離に従い富士登山の玄関口

にある浅間大社や富士山でも多数の石仏が廃棄されたが、酒蔵工程を見守る8体の金属製の薬師如来像は江戸時代中期頃の制作で、寺や個人が隠し持ち、のちに奉納されたものである。富士山にまつわる歴史を知る場所として、新たな活動が生まれてきている。

4 - 埋もれている資源の顕在化

富士山の麓に位置する富士宮市は、浅間大社に関連する歴史資源や富士山から流れる伏流水など資源が豊富である。市街地では文房具店 Rihei の店内にも湧き水が見られる。

この文房具店は、江戸時代末期から開業している老舗文房具店で、2015年に登録有形文化財となった1881（明治14）年造の土蔵も現存している。

また、富士山の湧き水は、浅間大社横の湧玉池や白糸の滝だけではなく、大堰用水、安沼用水、市街地を潤す渋沢用水、北山・山宮・外神地区を灌漑している北山用水といった市内全域の大規模な用水路にも流れ込んでいる。この北山用水は、1582（天正10）年に徳川家康が北山本門寺の願いにより、代官井出志摩守正次に整備させたという歴史もあり、富士宮市はこれらの用水路の整備によって発展してきた歴史もある［写真5］。

さらに、豊富な水の恵みを活用して、江戸時代から農業が盛んだったことから、浅間大社近辺では豊作や無病息災を願い神社仏閣も多数現存して

写真5：市街地を通る渋沢用水
富士山の湧き水が流れる用水
は、現在も生活の一部として活
用されている

図2：生きた景観を生み出す歴史の積層
富士山の麓にある地下水が豊富な台地の上に、浅間大社を中心に農業、商業、生活の営みが時代を重なり、現在の都市が創出された

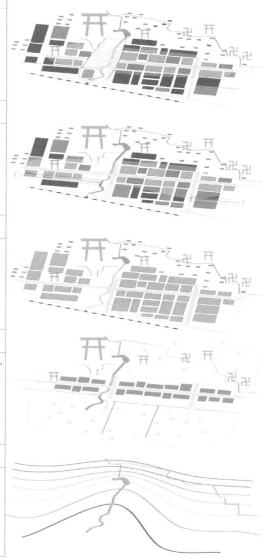

2000年代〜

商店街が衰退しはじめる。
富士山の世界遺産登録への機運の高まりから、世界遺産センターを中心としたまちづくりに切り替わる。
世界遺産センターと周辺要素を併せた新たな景観活用が始まる。

1980年代〜

商店街の活気が落ちはじめる。
それに伴い商店街で用水活用が始まる。
行政も商店街とともに景観活用に取り組む。

戦後〜

浅間大社にちなんだ営みとして呉服店や染物店など商店街が栄える。
農地から建物への転換が進んだ。

大正〜戦前

浅間大社を中心としたまちだったが、江戸時代から農業が盛んだった。
そのため豊作や無病息災を願い神社仏閣が多数存在する。

中世〜

豊富な地下水が湧き出す湧玉池のほとりに、浅間大社が置かれ、参道周辺に鳥居前町が形成されはじめる。

いる。

　このように富士宮は、水の恵み、農業景観、多数の神社仏閣、浅間大社と鳥居前町、世界遺産登録にちなんだ世界遺産センター周辺の整備といった多様な歴史の積み重なりの上に存在しており、そこから生まれてくる広場に集う人々のにぎわい、商店街を中心としたにぎわい、観光客がもたらすにぎわいなど、多彩な生きた景観が存在している［図2］。

② 観光資源としての農業景観の捉え方の変化
——北海道美瑛町

1 - 写真家から発見された農業景観

　美瑛町は北海道のほぼ中央に位置する人口約1万人（2019年5月現在）の自治体だ。農業を基幹産業とする点は、道内のほかの自治体と同じだが、細かな丘と沢が連続する波状丘陵という地形に農地が広がり、十勝岳連峰を望むことのできる独特の景観をもつ。この農業景観が魅力的なものとして注目されるようになったのは、風景写真家である前田真三の功績によるところが大きい。1971（昭和46）年に前田は、丘に畑が広がる景観を西欧的な景観として見出し、美瑛は前田の作品を通じて全国的に有名になった。またCMなどにも起用され、その被写体となった樹木（ケンとメリーの木、セブンスターの木、マイルドセブンの丘など）は観光スポットとなっている。現在、国内外から年間160万人以上の観光客が訪れ、北海道を代

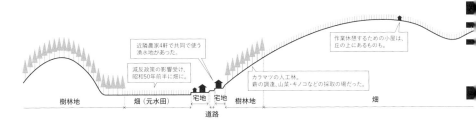

図3：新星地区の景観構造図（地形と土地利用の関係を強調するため、高さは4倍に加工）
沢の平らな部分に水田、緩傾斜に畑、急傾斜地に樹林が広がり農業景観を形成している。一方で、移住者や観光事業者その農業景観を享受するために丘の上部に農家とは異なる建物が建てられている

写真 7：丘の上に建つギャ
ラリー
移住者や観光業者の建物
は、丘の上部に建てられ農
業景観を享受する

表する観光地のひとつとなっている。

2 － 農業景観の基本構造と新たな建物のコントロール

　本来、美瑛町は、水が湧出しやすい沢に農家が分布し、引水できる平ら
な場所は水田*¹、緩傾斜は畑となっている［図3］。そして、農地として利
用することが難しい急傾斜地に樹林が広がる。この合理的な土地利用のも
と、丘に畑が広がり、樹林地が畑を縁取り、沢の合間から農家の建物や屋
根が控え目に見える景観が典型的な美瑛の農業景観となった［写真6］。一

方で、移住者や観光事業者によって新たにつくられる住宅・別荘・宿泊施設などは、建物から農業景観を享受するために、沢ではなく丘の上部に建てられることも多い［写真7］。農家の立地とは異なるこれらの建物が農業景観のなかで目立つ存在となってしまったのである。

そうした変化に対し、1990（平成2）年の都市計画区域の拡大、2003（平成15）年の「美瑛の美しい景観を守り育てる条例」の制定と2015（平成27）年の改正により、建物の形態や意匠に対して制限をかけて景観との調和を促している。しかし、建物の立地をコントロールすることはできず、景観を眺める行為が生む新たな景観要素を農業景観のなかでいかに受容していくのか課題は多い。

3 ─ 農業の副産物に過ぎない景観を保全することの困難さ

農業景観が観光資源となっていることは事実ではあるが、農業と観光が良好な関係を築いているとはいえない。実際、波状丘陵の地形は傾斜地での機械による耕作の危険性や土の流出など農作業の障害でしかなく、農地を切土・盛土して平坦にする均平化事業も行われてきた。農家は決して条件が良いとはいえない農地で、天候に左右されながら安全で味のよい農産物を生産するため農業を営んでいる。農業景観の維持のために農業を営むわけではない。そのため、観光資源として農業景観を捉えることに拒否感を示す農家も少なくない。

農業の今後にも目を向ける必要がある。昭和中頃は約2,400戸あった農家戸数は、現在500戸以下に減っている*2。農家の減少もあり、美瑛町の基幹作物かつ丘の農業景観を支える4品目（麦、豆、ビート、じゃがいも）の生産量・生産額も減少傾向にある。観光客による農産物の消費も農業の振興のひとつといえるが、丘の農業景観を支える4品目は付加価値をつけて売ることが難しく、観光の恩恵を感じにくい。新規就農者も一定数いるが、土地や農業機械などの初期投資がほかの作物に比べてかからず収益を上げやすいことからトマト生産に集中している。最も重要な景観構成要素である農地の状態は、農業の変化に伴い今後確実に変化していくだろう。

4 – 農業を妨げる観光客のふるまい

観光客の農地への立ち入りや、観光車両が農作業用車両の通行を妨げるなど、観光が農業に与える悪影響も少なくない。特に、看板を立て、ロープを張っても一向に減らない農地への立ち入りは農家の我慢の限界を超えており、被写体として愛されていた樹木を切らざるを得なくなった事例もある。観光協会は看板の設置やマップによるマナー啓発にとどまらずパト

写真8：農地への侵入禁止看板
農地への侵入禁止看板を立てても効果は薄く、さらなる対策を考える必要がある

ロールにも取り組んでいるが、起伏に富んだ地形と広大な畑すべてに目を光らすことは不可能だ［**写真8**］。現在は、NPO法人「美瑛町写真映像協会」による撮影マナーの検討・周知や、「丘のまちびえいDMO」による農地への立ち入りなどの情報を集めて対策に生かす「美瑛観光ルールマナー110番」というシステムの構築など、対策を充実させている。農業景観の保全のためにも、農業に安心して専念できる環境改善が求められている。

5 – 美しい景観から農業と生活を伝える景観へ

このように、美瑛町における農業景観のマネジメントには課題が山積しているが、喫緊の課題である農業と観光との信頼関係の構築を中心に、新たなチャレンジが始まっている。

そのひとつが、「美しい」景観のPRでなく、「農業によって生みだされた」景観であることに原点回帰し、観光客に農業を積極的に理解してもらうための仕組みづくりである。

「美瑛町観光マスタープラン2020」の策定を契機としてつくられた「美瑛　旬感ごよみ」は、観光スポットを紹介する従来の観光パンフレットと異なり、人の営みに焦点をあてて美瑛を紹介するものとなっている。農家に1年間の農作業のスケジュールや日々の暮らし、農業の苦労と誇り、

写真9：農家の思いを伝える案内板
農業と観光を両輪として将来ビジョンを描く取り組みの第一歩

地域の食文化や祭礼行事を聞き取り、フェノロジーカレンダー（地域の自然
と人の営みを表した生活季節暦）を作成し「122回のチャレンジと365日の生
活が作り出した風景」であることを訴えている。

　丘のまちびえいDMOも、眺めるだけの観光でなく、体験により地域
を深く知ってもらう観光を企画しており、農家に許可を得た上でガイドが
畑を案内するプログラムにチャレンジしている。また、農家の有志団体が
自らクラウドファンディングを募り、観光公害を改善させる試みも始まっ
た。特徴的なのは、農地への立ち入りの阻止だけを目的とするのではな
く、農家とつながってもらうことで理解を促す点である［**写真9**］。これら
の取り組みは小さなものかもしれない。だが、受け身ではなく地域が望む
観光に能動的に変えていこうとする大きな一歩である。

　農業景観の保全の現場では、開発行為や建物に対して景観との調和を促
すだけでなく、農業の将来を考慮し、観光との良好な関係性を構築する取
り組みが欠かせない。農業と観光とを両輪とし、景観を含む将来ビジョン
を描き、農家はもちろんのこと、さまざまな職業や立場の住民、団体が協

働した景観マネジメントが求められる。

3 観光化の影響による
社会や環境の変化への対処法

　観光都市において人々の活動や現在ある資源の活用による生きた景観の取り組みについて、世界遺産の影響を受ける静岡県富士宮市と農業景観を活用する北海道美瑛町の事例を取り上げた。多様な歴史や自然資源が存在する富士宮市では、富士山の世界遺産登録を機に新たに空間や集う場を整備することで生まれた生きた景観、外国人観光客が増加することでおもてなしの心で生まれた生きた景観、農業や用水など歴史的資源の活用による生きた景観など、多彩な生きた景観を感じることができる。

　また、農村景観のある美瑛町では、生業とした農業から農業景観として見る対象とされたが、生業を営む農家と観光客とのトラブルの対策として、農業と観光に境界を保ちつつ観光として体験する農業に変化しつつある。このことにより、本来の生きた農業景観が保たれ、観光客も生きた景観を体験することができ、農業景観の魅力がさらに増している。

　いずれの事例とも、観光客という外的刺激により本来あった地域の資源を引き出し、その活力が合わさることで相乗的に生きた景観を生み出しているのではないだろうか。

註釈

1　地目は水田だが、現在は畑として活用されている箇所も多い。
2　この農家戸数は、経営耕地面積が 30ha 以上または農産物販売金額が 50 万円以上の農家を指し、法人事業体は除いた数字である。

参考文献

・総合観光学会編『観光まちづくりと地域資源活用』同文舘出版、2010
・富士宮市『富士宮市世界遺産のまちづくり整備基本構想』2015
・Be my BIEI（丘のまちびえい DMO HP）https://mybiei.jp/（2020 年 11 月閲覧時）
・日本エコツーリズム協会、フェノロジーカレンダー研究会『地域おこしに役立つ！みんなでつくるフェノロジーカレンダー』旬報社、2017
・公益社団法人土木学会景観・デザイン委員会『土木学会デザイン賞 作品選集 2017』2017

第 4 章 持続可能な地域経営への展開［地域経営編］

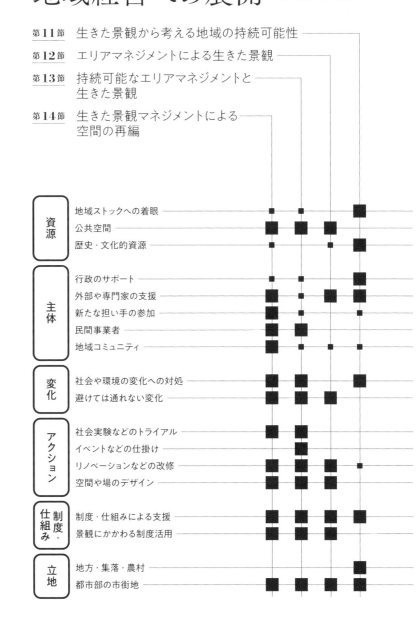

第11節　生きた景観から考える地域の持続可能性

第12節　エリアマネジメントによる生きた景観

第13節　持続可能なエリアマネジメントと生きた景観

第14節　生きた景観マネジメントによる空間の再編

資源	地域ストックへの着眼
	公共空間
	歴史・文化的資源
主体	行政のサポート
	外部や専門家の支援
	新たな担い手の参加
	民間事業者
	地域コミュニティ
変化	社会や環境の変化への対処
	避けては通れない変化
アクション	社会実験などのトライアル
	イベントなどの仕掛け
	リノベーションなどの改修
	空間や場のデザイン
制度・仕組み	制度・仕組みによる支援
	景観にかかわる制度活用
立地	地方・集落・農村
	都市部の市街地

第 11 節

生きた景観から考える
地域の持続可能性

　生きた景観は、地域の持続可能性を模索する動きのなかで改めてその価値が照射される。本節では、伝統的な生業である宇治茶の生産の存立を図るなかで広域的なシステムとして景観を捉え、その価値化を図っている京都府山城地域、住民主体のまちづくり活動を蓄積しながら、伝統的な生活空間であった路地の保全ならびに空き家対策、防災性の改善を試みる京都市六原地区の事例を取り上げ、生業と地域コミュニティの再構築が生きた景観を育んでいる姿を紹介する。

1 宇治茶生産の文化的景観——京都府山城地域[*1]

1 – 地域の生業としての宇治茶生産

　京都府南部の山城地域は、茶の大消費地でもあった京都に隣接するという立地条件と、茶の栽培に適した自然条件から、宇治茶の生産地として発展し、現在の日本緑茶の代表である抹茶、煎茶、玉露を誕生させた。乾燥茶葉である甜茶を茶臼で引いて粉状にした抹茶は、日本独特の茶園形態である覆下茶園（茶園を稲藁などで覆い、日光を遮断する方法で 16 世紀初期に発明された）で栽培される。18 世紀には茶を手揉みしながら乾燥させる宇治製法が編み出され、煎茶が誕生する。煎茶は、覆いを設けずに栽培する茶園で世界的に広く見られる形式である露地茶園で栽培される。そして 19 世紀には、覆下栽培と宇治製法が結びつき、最高級の煎じ茶である玉露が誕生し、日本固有の喫茶文化の形成に寄与してきた。

2 - 宇治茶生産の文化的景観の構成要素

　宇治茶がもたらす文化的景観は、茶の生産技術によってのみ形成されているのではない。宇治川と木津川の水系や起伏に富んだ地形を生かして、独自の土地利用と景観を育んできた。

　中流域の平地には、河川敷の地形を生かして抹茶および玉露の生産のための覆下茶園が広がる一方、上・中流域の山間地には標高の高さを生かした煎茶の生産のための露地茶園が広がっている。

　覆下茶園の代表的な景観は、木津川下流、丘陵の地形と地質を活かした飯岡（京田辺市）の覆下茶園や、城陽市・八幡市の川沿いに広がる河川敷で営まれている上津屋の覆下茶園などがある。川沿いで栽培される茶は浜茶と呼ばれ、山間部の茶と比べてより濃い緑を持ち、栽培方法の違いととも

写真1：宇治茶生産の文化的景観　［上左］抹茶・玉露を生産する覆下茶園（宇治市白川）／［上右］煎茶を生産する露地茶園（和束町石寺）／［下左］茶問屋のまちなみ（木津川市上狛）／［下右］茶農家・茶工場が残るまちなみ（和束町湯船）

に色合いの面からも特徴的な景観を見せている。

　露地茶園は、標高が高く、寒暖の差が大きく霜の影響を受けにくい山間部に形成される。木津川上流の山間部の地形に沿って大規模に展開している童仙房や田山・今山（南山城村）の露地茶園、木津川支流沿いの谷に位置し大規模に開拓された石寺の露地栽培の山なり茶園と茶農家集落が一体となった景観、宇治製法が生み出され日本全国に緑茶が広まる起源となった「煎茶生産史上の核をなす地域」である宇治田原町の湯屋谷や奥山田の丘陵の地形を活かした横畝の山なり茶園（露地栽培）などは、いずれも宇治茶の発展過程を示す重要な栽培の景観だ。

　茶園の近傍には茶生産者の茶農家集落が形成されている。摘採された宇

1

図1：宇治茶生産の文化的景観の一体性（作：奈良文化財研究所景観研究室作成）
宇治茶の生産と流通が起伏に富んだ地形とあいまって多様な景観をつくり出し、それらが文化財景観としての一体性を形成している。各生産地が宇治川と木津川によって削られた谷筋や高地に展開していること、両河川は舟運の動脈でもあり、川沿いに茶問屋街が形成されたことなどが描かれている

治茶は茶工場にて荒茶に製造され、茶問屋へ出荷されるという分業体制が現在まで続いている。茶生産は、伝統的に家族経営を中心とする小規模経営によって茶生産が行われてきたが、その家内工業的生産形態は今日に至るまで継承されている。茶農家が独立した経営を行ってきたことも、景観を特徴づける重要な要素である。

　また、茶工場は宇治茶生産の製造の景観として欠かせない存在である。生産される茶の種類に応じて、覆下茶園には甜茶工場や揉み茶工場、露地茶園には揉み茶工場というように工場の様相も異なる。宇治製法は独自の茶工場を必要とし、これも茶農家集落の景観に個性を与えている。茶工場は、かつては個人工場のみであったが、現在は共同工場も多くなっている。

　たとえば原山では手もみ製茶用の古い2階建て茶工場が、湯船では伝統的民家や茶工場を含む集落景観がよく残されており、宇治茶生産の拡大過程を示している。甜茶の主要な産地のひとつである上津屋の集落には甜茶工場やかつての揉み茶工場の建物も見ることができる。

　そして、流通の景観を支えるのが、陸運と河川による舟運の双方の便のよい地に形成された茶問屋街だ。木津川中流の上狛は、煎茶の生産拡大に伴い、水陸両交通の結節点としての便の良さから茶問屋が形成され、輸出茶の集積地として栄えた。交通の要所であった郷之口にも茶問屋街が形成された。

　宇治地域は「日本の緑茶生産史上の核をなす地域」である。江戸時代に抹茶などの高級茶の製造と販売を独占した宇治茶師の屋敷をはじめとする茶問屋まちなみが特徴的だ。まちなみの中には荒茶の製造を行う茶工場を持つ茶農家も残る。

　このように、谷筋や高地といった起伏に富んだ地形に茶畑が展開し、それぞれに異なる気象条件や地質条件のもと、個性のある宇治茶を生産してきた。広域に広がる生産地は、水陸に引かれたいくつもの線によってお互いに結びつけられ、文化的景観としての一体性を形成している。水系を通じて生産から流通、消費に至る一連の機能の分担が相互に有機的に立ち現れているのが宇治茶生産の文化的景観の特徴である。

3 – 機械化による進展と有機的に進化する生きた景観

　茶業は産業として発展していったが、その生産はすべて手摘みや手揉みなどの手作業によって行われてきた。一方、茶園の増加や栽培技術の改良などによって茶葉の生産が増加した。近代以降では、覆下茶園の被覆方法の変化、露地茶園における機械刈り、防霜ファンの設置、摘採や製茶の機械化が進んでいく。20世紀中期からは、茶業振興のために集団茶園の造成や共同製茶工場などの茶生産関連施設などの整備が行われ、現在に至っている。このように、自然環境条件と伝統的な生産技術によって形成された土地利用・景観が継承される一方で、宇治茶生産の技術革新と合理化は絶え間なく続けられてきた。

　美しい茶畑の中に散見される無骨な共同製茶工場は、一見すると風景と対立する存在のように思えるかもしれないが、基本的な製法を維持した上で機械の導入などによる生産合理化がなされ、それに対応して土地利用と景観は有機的に進化を遂げつつ現在に継承されている証左でもある。

2　六原——京都市東山区

1 – 空き家問題の深刻化

　京都市東山区六原学区は、北は八坂通りから南の五条通りの南北に、西は宮川通りから東は東大路通りを挟んで清水坂に囲まれた、東西に長い住宅市街地である。かつて栄華を誇った平家一門の拠点が置かれ、大谷本廟、六波羅蜜寺、六道珍皇寺など多くの寺社が存在するなど、観光資源に恵まれたエリアでもある。

　2020（令和2）年10月現在、面積36 ha、人口2,947人、1,766世帯の六原学区には、もともと清水焼などの伝統工芸の職人が多く住み、町内会を中心とした濃密な地域コミュニティが育まれてきた。しかし、昨今は、少子高齢化の波を受け、人口減少（1960年代は1.8万人）、子育て世代の流出、住民の高齢化（32.2%／2020年現在）、地域活動の担い手不足、といった問題が深刻化している。

　東山区は特に少子高齢化が進行している行政区であり、市内で最も高齢

化率ならびに空き家率が高い。空き家の存在は、老朽化に伴う地震時の倒壊や犯罪発生の恐れを生じさせてきた。六原地区は区の平均的な空き家率を下回るものの、局所的にはそれをはるかに超える高い空き家率を示す界隈もあり、2006（平成18）年頃から学区内の空き家問題が顕在化した。

2 - 空き家問題への本格化と 六原まちづくり委員会の結成

　六原地区では、2010（平成22）年度に行政と住民、関係団体が連携しながら京都市の地域連携型空き家流通促進事業（空き家の発生予防、活用および適正管理により、地域の活性化を図ることが目的）が開始された。

　翌年の2011年には、空き家問題を地域課題として捉え、課題の解決を図ることを目的に「六原まちづくり委員会」が発足し、現在に至るまで地域自走型の空き家対策を進めている。当初

写真2：長屋と路地が織りなす六原の景観

は空き家対策のための地域自立型組織としての役割が強かったが、その後、空き家を取り巻く問題の複雑性（高齢者福祉、相続、解体・改修費の経済的負担の問題、空き家予備軍の存在、防災など）や新たに京都市の密集市街地・細街路対策事業が開始されたことにより、活動内容が拡大した。空き家の売却、借家への転用といった流通に向けての意識づけや相談対応、所有者だけでは家財道具の処分が進まない空き家の片付け支援、借家化する場合の修復など、空き家の解消、ひいては学区内の人口減対策に資する具体的な取り組みを手がけている。

六原まちづくり委員会は、活動主体のなかに行政機関やコンサルだけでなく、地域のまちづくり活動の支援業務を行っている「京都市景観・まちづくりセンター」や、若手芸術家などの支援を行っている東山アーティスツ・プレスメント・サービス（HAPS）、当初は京都市の事業がきっかけでかかわった建築や不動産の専門家がボランティアやコーディネーターとしてかかわるなど、専門家が継続的にかかわっている点にも特徴がある。現在、六原まちづくり委員会は分科会形式で役割を明確化し（空き家対策、防災まちづくり、高齢者福祉）、それぞれが地域特性に合わせながらこれまでの多様なネットワークを活用した独自の取り組みを展開している。

3 – 防災まちづくりの展開

六原学区はもともと伝統産業の職人街だったこと、そして戦中の火災を免れたことなどが理由で、学区内には木造平屋または2階建ての長屋が建ち並んでいる。これらの多くは建築基準法上の道路に該当しない路地に面しており（地区内の道の約6割が4m未満の細街路であり、袋路やトンネル路地なども多数存在している）、接道条件を満たさないがゆえに、増改築や用途変更、建て替えができないケースがほとんどである。2方向避難さえままならない「非道路」の路地に面して住戸が建ち並ぶ住環境は、防災上のリスクを抱える一方で、近所づきあいが濃密で静寂かつ平穏なコミュニティが形成されてきた舞台でもあり、防災性の向上とコミュニティの維持の両立が求められる。

2012（平成24）年度から「優先的に防災まちづくりを進める地区」（京都らしい風情や地域コミュニティを維持・継承しながら、地域と行政の連携のもと、地区全体の防災性の向上を図ることが目的）に選定され、多角的な視点から事業を進めてきた。たとえば、細街路対策事業を用いて袋路始端部の耐震防火改修を実施したり、住民からの要望も多かった緊急避難扉の設置による袋路の2方向避難の確保などが実現されてきた。

4 – 生活空間としての路地の保全

地区内の路地のひとつである幅員約2.7mの昭和小路では、2015（平成

27）年に 3 項道路指定を受けることで敷地後退距離を道路中心から
1.35 m に緩和し、敷地後退の負担を軽減することで、建替えなどが困難
な狭小な敷地での更新の促進を図った。まちなみ景観の保全・再生と防災
性の改善を両立させる試みである。

　同じく 2015 年には、「路地・まち防災まちづくりプロジェクト事業」
の一環として「みんなでつけよう　ろじのあいしょう」プロジェクトが実
施された。これは路地の存在を可視化するユニークな取り組みである。学
区内に存在する約 90 の路地のほとんどは名前を持たなかったため場所が
特定しづらく、災害時の避難や情報の伝達などの初動の遅れが懸念されて
いた。また、同じ町内会でも細街路に入ったことがない人が多く、災害時
の逃げ道が十分に把握されていないことも課題だった。

　そこで、災害時の避難や情報の伝達、救助活動に役立てるため、各路地
に名前をつけるとともに、銘板を作成・設置した。路地の名前は「名前＋
路地」、2 方向避難が可能な場合は「名前＋小路」として統一し、路地の
個性化とともに緊急避難路の認識性向上を図っている。町内会長が中心と
なり各路地の名前を決定し、防災部長と設置場所を検討して約 100 の銘
板を設置している。この取り組みを通して、地域への愛着と理解が深ま
り、防災に不可欠な地域コミュニティの強化にもつながっている。

5 - 六原の生きた景観

　空き家という単体としての建物再生の努力は、図らずも空き家を発生さ
せているコミュニティが抱える付随的な諸問題（相続や防災、単身高齢者の福
祉など）を前景化した。そうした問題への共有と対処を図るなか、地区内
の単身高齢者の把握や高齢者同士の交流、空き家の活用方法の地域レベル
での検討、地域活動を支える地域活動・交流拠点の設置や空き家と若手芸
術家・学生などの新しい住民をうまくマッチングするなど、より総合的な
まちづくりへと展開してきた。六原のまちなみは、多層なコミュニティの
関係性が顕在化したレジリエントな景観を示している[*2]。

❸ 生業と地域コミュニティの生きた景観

　地域が内在する景観資源は、社会や市場、人々の生活作法の変化に伴って、その利用価値や規範が変化する動態的な性格を有する。本節で紹介した2つの事例は、伝統的な生業の有機的変化であったり、空き家の増加や路地の防災性の確保といった近年顕在化した地域課題に丁寧に応答するなかで、結果的に、その景観が「生きたもの」として再価値化されるのみならず、地域のまちづくりを総合化することを示唆している。生きた景観とは、資源を取り巻くアクター間の複合的な関係性が空間に表出したものともいえる。景観の動態的保全とは、地域の生活の豊かさを示す共有資源（コモンズ）をかたちづくるプロセスにほかならない。

註釈

1　本項の記述は、特に断りのない限り、京都府農林水産部農産課・宇治市・城陽市・八幡市・京田辺市・木津川市・宇治田原町・和束町・南山城村『宇治茶の文化的景観　世界遺産暫定一覧表記載資産候補に係る提案書　平成30年度改訂版』2019年3月に基づく。なお筆者は2013年度から現在に至るまで、宇治茶文化的景観等調査研究会議の委員として調査ならびに提案書作成に携わっている。

2　本項のデータは以下に依拠する。京都市統計ポータル「住民基本台帳」https://www2.city.kyoto.lg.jp/sogo/toukei/Population/Juki/、竹本真梨『京都市東山区六原地区の防災まちづくりの実態とその展開』龍谷大学大学院政策学研究科修士論文、2013

参考文献

・京都府農林水産部農産課・宇治市・城陽市・八幡市・京田辺市・木津川市・宇治田原町・和束町・南山城村『宇治茶の文化的景観　世界遺産暫定一覧表記載資産候補に係る提案書　平成30年度改訂版』2019年3月

180　　　　第Ⅱ部　生きた景観マネジメントの実践

第12節

エリアマネジメントによる生きた景観

　まちの広場や公園を行き交う人々や佇む人々。朝昼夜、平日週末とその
シーンは目まぐるしく変化する。こうした街角のちょっとした空間やオー
プンスペースは、人の活動やアクティビティが風景の主役となる。また、
常に変化しつづける風景には、今日はどんな風景が見られるかなという期
待感もある。まちの魅力や価値を高めてくれる景観を生むような仕掛け
は、参加から協働、そして公民連携の流れのなかで、エリアマネジメント
団体など民間や地域のまちづくり組織が主体となって取り組んでいる例が
増えている。公共空間の質を高め、景観が魅力ある経済活動を展開し、ま
ちの質の向上につながっていく地域経営に着目する。

■1　再開発地区のエリアマネジメントと
　　景観まちづくりの事例——東京都江東区

1－豊洲2・3丁目地区まちづくり協議会

　「豊洲2・3丁目地区まちづくり協議会」は地区内に立地する企業などが
つくるまちづくり団体であり、現在は12社が参加している。これまで、
地区計画などの都市計画に関する関係各方面との協議・調整を通じて、地
区全体で調和のとれた質の高い都市空間の形成を行ってきた。豊洲2・3
丁目地区は駅前の開発が2020（令和2）年に竣工すると一応の完成をみる
ため、街をつくる段階から育てる段階へと移行している。まちづくり協議
会の活動も、地域コミュニティとの結びつきを深め、地元住民、入居テナ
ント、地元企業と協働してさまざまなまちづくりの取り組みを進めている。

2－豊洲2・3丁目地区まちづくりガイドライン

　地区の景観形成を図るため、2003（平成15）年に策定された「豊洲2・3

丁目地区まちづくりガイドライン」に基づいて景観誘導が行われている。「豊洲2・3丁目地区まちづくりガイドライン」では、まちづくりの基本方針や空間形成の目標とともに、植栽や照明、舗装、屋外広告物などについての詳細なガイドラインが示されている。地区内の街区は塀を設けず、小学校を除いて地上は公開の空地となっており、民地であっても自由に行き来できる。緑地やベンチを設けているところも多く、季節ごとに楽しめる花木が植えられている。地区内には造船業の地であった痕跡を消さないように、船のイカリやスクリューなどの「産業遺構」が50か所以上でオブジェ風に置かれている。

3 – 東京のしゃれたまちなみづくり推進条例の活用

　景観形成の取り組みを支えつつ、経済活動を可能にする仕組みとして、東京都が2003年に制定した「東京のしゃれたまちなみづくり推進条例」がある。本条例に基づく「まちづくり団体の登録制度」を活用することで、まちづくり活動を行う団体が、まちなみ景観づくりに取り組んだり、公開空地などの活用に取り組むことができる。2018（平成30）年3月現在で62団体が登録されており、豊洲2・3丁目地区では株式会社IHIがまちづくり団体として登録されている。民間の力を生かしながら魅力の向上につなげていくことを狙いとしており、公開空地などにおいて有料での公益的イベントやオープンカフェ、物品販売などの収益事業を行うことができる。また、本条例では個性豊かで魅力のあるまちなみ景観づくりを一体的に推進する必要性が特に高いと認められるものを、「街並み景観重点地区」に指定しており、東京都内で12地区が指定されている。豊洲2・3丁目地区は2004年に指定され、地域の主体性に基づいたまちなみ景観づくりを進めている。

4 – 経済活動と結びついた公共空間利用

　近年では再開発等促進区域内の有効空地を活用したさまざまな取り組みが行われている。夏になると豊洲2・3丁目地区まちづくり協議会が主催となり、有効空地を活用した「ハイボールガーデン」というイベントが開

図1：豊洲2・3丁目地区の動線と活動の表出

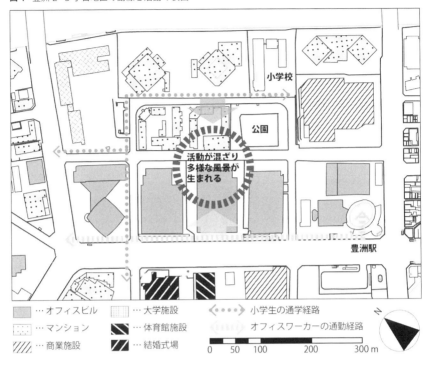

小学校

公園

活動が混ざり
多様な風景が
生まれる

豊洲駅

▨ …オフィスビル　▥ …大学施設　◁┄┄▷ 小学生の通学経路
▱ …マンション　◩ …体育館施設　◁▥▥▷ オフィスワーカーの通勤経路
▨ …商業施設　◩ …結婚式場　　0　50　100　　　200　　　300 m

催されている。期間限定で有効空地にテーブルとイスが並べられ、ハイ
ボールを始めとするドリンクやおつまみを楽しむことができ、多くのオ
フィスワーカーでにぎわう。地区内のテナント企業の商品の販売も行われ
ている。日常的にその地域で活動を行っている事業者の営利事業が有効空
地に表出し、そしてにぎわいを生み出し交流の場となっていく。そのほか
にも、定期的にキッチンカーが出店したり、民間企業が運営するマルシェ
が開催されるなど、公共空間活用の取り組みが広がりつつある。

5 - 経済活動と結びついた公共空間利用

　豊洲地区の再開発の特徴として「住む・働く・学ぶ・遊ぶ」といった複
合的な機能をもたせたことが挙げられる。職住遊学が混在するため、昼間
は小さな子どもを連れた家族やオフィスワーカーが木陰で休む風景が見ら

オフィスワーカーの出勤

ハイボールガーデン

昼間は親子の憩いの場に

マルシェに集う居住者

イカリのオブジェで遊ぶ子どもたち

夕方になると子どもたちが走り回る

れ、下校時刻を過ぎれば公開空地は子どもたちがスケートボードなどで遊
ぶ格好の場所になる。船のイカリやスクリューなどのオブジェも子どもた
ちの遊具になる。マルシェには多くのオフィスワーカーや居住者が集い、
ハイボールガーデンは夜のまちににぎわいをつくりだす。オフィスエリア

と居住エリアはゾーニングされているが、人々のアクティビティがつくり出す風景は一体化している。地区内に住まい、働く方々のアクティビティが多彩な風景を生み出しているが、経済活動が行われていることによって人々を公共空間へと誘引し、活動に広がりを与えている ［図1・写真1］。

2 エリアマネジメント組織における景観マネジメント
── グランフロント大阪の活動

1 - グランフロント大阪の活動と境界のない景観マネジメント

「一般社団法人グランフロント大阪 TMO」は、大阪駅北側の貨物駅跡地の再開発であるうめきた先行開発区域において、公民連携による持続的かつ一体的なまちの運営を推進するために 2012（平成24）年に設立されたエリアマネジメント組織である。地域の活性化、環境改善およびコミュニティの形成などに関する事業を展開し、地域価値の向上を図る活動を行っ

```
┌────────────────────────────────┐
│  一般社団法人　グランフロント大阪 TMO  │
└────────────────────────────────┘
```

まちづくり推進事業　　　　　　**プロモーション事業**

まちづくり推進事業	プロモーション事業
①公民連携による公共空間の管理・運営 ・公共空間の一体的な管理運営 　うめきた広場・歩道・敷地内オープンスペース ・公共空間の利活用 　イベント・オープンカフェ・広告掲出 など ②梅田の回遊性を向上する交通サービス ・梅田地区エリア巡回バス ・レンタサイクル ・周辺既存駐車場との連携 ③外部連携によるエリアマネジメント活動 ・梅田地区エリアマネジメント実践連絡会 　エリアイベント・情報発信・地域連携 など ・行政・経済界・エリアマネジメント団体との連携	①イベントプロモーションによる賑わい演出 ・TMO 主催イベント・共催イベントの実施 ・他主体が開催するイベントなどの誘致 ②公開スペースを活用した街メディア事業 ・ガイドラインに基づく街メディア事業の展開 ・街メディア事業によるエリアマネジメント財源の創出 ③まちのコミュニティ形成事業 ・来街者とまちのコミュニティをつなぐサービス『コンパスサービス』 ・まちのコミュニティ推進者を育てる仕組み『ソシオ制度』

図2：一般社団法人グランフロント大阪 TMO の事業
エリアマネジメント活動としての業務は、公共空間管理や交通サービスなどの「①まちづくり推進事業」と、イベントプロモーションやコミュニティ形成など「②プロモーション事業」の2つを柱に活動を展開している

ている。2014年に大阪市が制定した大阪版BID条例（大阪市エリアマネジメント活動促進条例）の適用第1号でもあり、地権者の拠出する分担金により公共空間の管理を行っている。公共空間の管理のみならず、交通サービス、エリアプロモーションなど多岐にわたる分野において、エリアマネジメント活動に取り組んでいる。開発当初から「大阪駅北地区まちづくり基本計画」にもとづき、建築物や歩道空間などを一体的にデザインされた空間を対象としてエリアマネジメントを実施することを前提に開発がされている点が特徴でもある〔図2〕。

　こうした経緯から、グランフロント大阪TMOでは、設立当初よりその活動に、景観マネジメントに取り組んでおり、「グランフロント大阪街並み景観ガイドライン」を策定し、その運用を行っている。

　ガイドライン策定の目的はうめきた地区にふさわしい都市景観形成を図ることにある。本ガイドラインは景観行政団体の定める景観計画とは異な

図3：「街並み景観」の対象空間（グランフロント大阪街並み景観ガイドライン）
ガイドラインが対象とする「街並み景観」の対象空間は、TMOが管理運営する歩道や広場などの公共空間および、それらと連携する敷地内のセットバック空間や地区施設、歩道に面した見えがかりも含んでいる

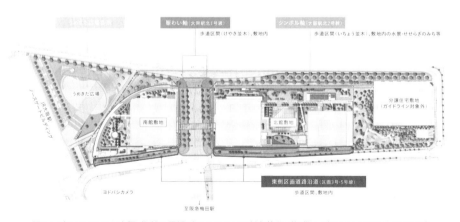

図4：グランフロント大阪 街並み景観ガイドラインの対象範囲（提供：グランフロント大阪TMO）
対象範囲はグランフロント大阪の空間的骨格となる、うめきた広場、賑わい軸、シンボル軸、東側区画道路沿道を中心に構成されている

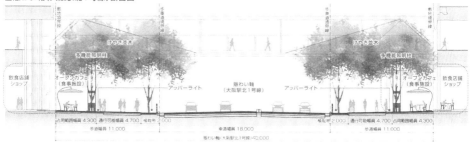

■賑わい軸（大阪駅北1号線）断面図

図5：賑わい軸の断面図（グランフロント大阪 街並み景観ガイドライン）（提供：グランフロント大阪
TMO）　グランフロント大阪の東西軸となる賑わい軸は、沿道の歩道空間にオープンカフェが立地して
いる。当初から沿道利用を想定した設計がされている

り、いわゆる自主的な地域ルールで運用されている。グランフロント大阪
TMOでは、ガイドラインに沿って公共空間を活用した適切な広告事業や
オープンカフェなどの「機動的な事業運営を行い、広告事業などで得られ
る収益をTMOの活動原資に充当することでさらなるエリアマネジメン
トの促進を持続的に推進している。

　グランフロント大阪では、エリアマネジメント団体が公共空間も一括管
理しており、加えて道路空間上のオープンカフェやうめきた広場などの管
理運営も実施していることから、公民境界にとらわれない高質な空間管理
を実現している点が特徴的である［図3-5］。

2 – 多様な景観マネジメント

　グランフロント大阪TMOでは、一体的に空間管理が行えることを利
点として、多様な景観マネジメントに取り組んでいる。道路上のオープン
カフェでは、イスやテーブルなどの什器備品からオーニング、可動式サイ
ンに至るまで、景観配慮の対象としている。そして、にぎわいづくりと財
源確保にも貢献するバナー広告や、沿道建築物内店舗のディスプレイまで
含めている。うめきた広場では、広場を囲むにぎわい形成と広場でのアク
ティビティも景観マネジメントの対象としている。イベントや座具の配
置、あるいは時間の変化などで刻一刻と変化する人々のアクティビティも

写真1：うめきた広場　うめきた広場の日常風景
も景観マネジメントの対象に

写真2：北側歩道の休憩スペース社会実験　歩道
上に設置されたイスとテーブルは来訪者、就業者
の憩いの場に

景観マネジメントの対象としている。こうした景観ガイドラインの運用に
ついては、TMO に設置された運営委員会のもとで、機動力ある運営が実
施されている［写真1・2］。

■3 地域経営手法としての景観価値の向上

　豊かな公共空間が経済活動と結びつきながら、その地に住まい、働き、
学ぶ、多様な人々を誘引し、活動があふれ出す場所となり、自らの経済活
動のサイクルによってさらに価値を高めていくような仕組みをインストー
ルすることができれば、公共空間はさらに魅力的なものになっていく。景
観を計画や保存の対象にのみしてしまうのではなく、景観を資本と捉え、
消費、再生産していくことにより、変わりつづける風景をつくり出してい
くことが景観マネジメントに求められていると考える。

参考文献
・豊洲二・三丁目地区開発協議会『豊洲2・3丁目地区まちづくりガイドライン』2003
・グランフロント大阪 TMO「街並み景観ガイドライン」2013、2020

第 **13** 節

持続可能なエリアマネジメントと
生きた景観

　東京といった大都市では、再開発地区などの公共空間で、エリアマネジメントと呼ばれる民間企業が担い手となる取り組みが増えている。使われない公共空間や公開空地ににぎわいをつくりだすという一定の評価はされているが、特に再開発に伴うエリアマネジメントでは、15 年程度といった地域貢献期間が過ぎると活動が終了してしまうことになり、持続可能な生きた景観づくりにはならない。

　そこで再開発地区からリノベーション地区にまたがり、複数の地区組織による持続的なエリアマネジメントと生きた景観づくりが行われている東京都品川区天王洲地区での取り組みを通じて、生きた景観の担い手として、多主体が連携する仕組みを論じる。

■ 再開発とリノベーションによるエリアマネジメント
　　　──東京都品川区

1 - 天王州地区

　再開発地区と既存建物のリノベーション地区からなる天王洲地区は、運河沿いの公共空間が地元民間企業の連携によって連続的に整備され、またイベントの開催といったエリアマネジメントも連携して行われている。水辺がお茶や食事をしながらゆっくりと過ごせる場となっており、若者を中心とした多様な世代が集う生きた景観をつくりだしている［図1］。

　地区内には公開空地広場、水辺広場、水上施設、街路という 4 種類の公共空間がある。そのなかで、水辺広場と水上施設、街路、そして隣接する建物まで連続した空間が日常的なにぎわいをつくり出している。イベン

図1：天王洲地区の公開空地・水辺広場・水上施設
地元民間企業の連携によって整備された

公開空地広場

❶キャナルガーデン

❷アイルコート

❸NAGIパティオ

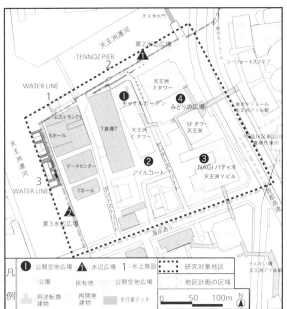

❹みどりの広場

水辺広場

▲第2水辺広場

▲第3水辺広場

水上施設

1WATER LINE

TENNOZ PIER

3WATER LINE 2

トとしては、1995（平成 7）年から開催されている「キャナルガーデンパーティ」が公開空地広場・キャナルガーデンと水辺広場・第 2 水辺広場、水上施設・TENNOZ PIER で、2015（平成 27）年から始まった「キャナルフェス」が水辺広場・第 3 水辺広場周辺で開催されている。

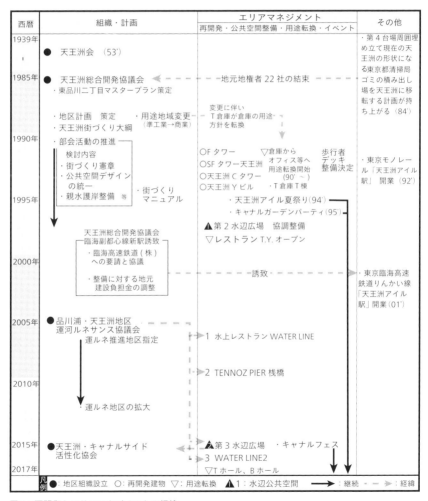

図 2：再開発とエリアマネジメントの経緯
イベントは、1993 年の天王洲アイル夏祭り、1995 年のキャナルガーデンパーティから始まった

2 – 再開発とエリアマネジメントの経緯

　天王洲地区は、品川第4台場周辺を造成して1939（昭和14）年にできた四方を運河に囲まれた埋め立て地である。東京港の物流機能を支える倉庫が建ち並んでいた。地権者であり倉庫を保有していた民間企業が中心となり、1953（昭和28）年に町会である「天王洲会」を設立した。

　地権者であった民間企業22社が、1985（昭和60）年に「天王洲総合開発協議会」を設立し再開発の検討を始めた。1988（昭和63）年には地区計画が策定され、開発協議会は「天王洲街づくり大綱」「街づくり憲章」などを策定し、地区全体の目標イメージの共通認識を形成した。その後1990年代に再開発が進行していき、地区西側を除いてオフィスビル群が形成されていった［図2］。

　地区西側は地権者であるT倉庫が、倉庫を飲食店や小売店、オフィスへと用途転換していった。再開発の進行に伴い、公開空地広場、水辺広場、街路、歩行者デッキなどの公共空間が民間企業によって整備されていった。1992（平成4）年の東京モノレール「天王洲アイル駅」、2001（平成13）年の東京臨海高速鉄道りんかい線「天王洲アイル駅」の開業によって、オフィスビル群がさらに増加していった。

　2005（平成17）年の「品川浦・天王洲地区運河ルネサンス協議会」発足後には、水上レストランWATER LINEや浮き桟橋TENNOZ PIERなどの水辺施設が整備されていった。2015（平成27）年の「天王州・キャナルサイド活性化協会」設立以降、水辺公共空間を活用したイベントが活発になり、水辺広場と水上施設が一体的に整備された水辺公共空間を活用したエリアマネジメントが行われている。

3 – 担い手：地区組織の設立と組織間の連携

　4つの地区組織❶天王洲会、❷開発協議会、❸運ルネ協議会、❹キャナルサイド協会が連携して、魅力的でにぎわいのある景観をつくりだしている［図3］。❶天王洲会は、会員相互の親睦と友好を深めることを目的としている。❷開発協議会は、民間企業間の協調による長期的な発展をめざした総合的な再開発を行うことを目的としている。❸運ルネ協議会

図3：地区組織の概要と関係性
地元民間企業が、重複して地区組織に加入している

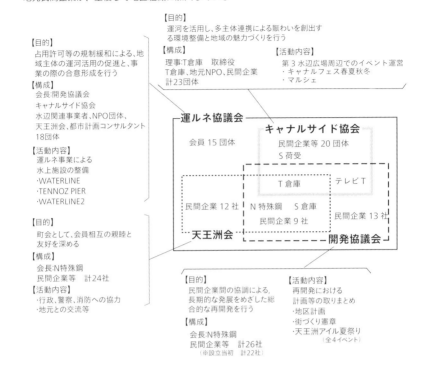

【目的】
　運河を活用し、多主体連携による賑わいを創出す
る環境整備と地域の魅力づくりを行う

【構成】
　理事:T倉庫　取締役
　T倉庫、地元NPO、民間企業
　計23団体

【活動内容】
　第3水辺広場周辺でのイベント運営
　・キャナルフェス春夏秋冬
　・マルシェ

【目的】
　占用許可等の規制緩和による、地
域主体の運河活用の促進と、事
業の際の合意形成を行う

【構成】
　会長:開発協議会
　キャナルサイド協会
　水辺関連事業者、NPO団体、
　天王洲会、都市計画コンサルタント
　18団体

【活動内容】
　運ルネ事業による
　水上施設の整備
　・WATERLINE
　・TENNOZ PIER
　・WATERLINE2

運ルネ協議会
　会員15団体

キャナルサイド協会
　民間企業等20団体
　S荷受

T倉庫　　テレビT

民間企業12社　N特殊鋼　S倉庫　民間企業13社
　　　　　　　　民間企業9社

天王洲会　　　　　　　　　開発協議会

【目的】
　町会として、会員相互の親睦と
友好を深める

【構成】
　会長:N特殊鋼
　民間企業等　計24社

【活動内容】
　・行政、警察、消防への協力
　・地元との交流等

【目的】
　民間企業間の協調による,
長期的な発展をめざした総
合的な再開発を行う

【構成】
　会長:N特殊鋼
　民間企業等　計26社
　（※設立当初　計22社）

【活動内容】
　再開発における
　計画等の取りまとめ
　・地区計画
　・街づくり憲章
　・天王洲アイル夏祭り
　　（全4イベント）

は、水辺占用許可の規制緩和にもとづく、運河活用の促進を目的としてい
る。❹キャナルサイド協会は、天王洲運河沿いの水辺公共空間の環境整
備を行い、地区の魅力づくりを行うことを目的としている。

　開発協議会が話し合いを重ね、地区の共通認識を形成してきたことで、
民間企業が主導する公共空間整備が実現した。再開発とともに公共空間が
整備されるにしたがって、新たな目的をもった地区組織が設立されてい
き、エリアマネジメントが活発になっていった。それがさらに新たな地区
組織の設立につながった。N特殊鋼、T倉庫といった企業が各地区組織
に重複して加入することで、各地区組織の連携が保たれている。

図4：キャナルガーデン周辺と第3水辺広場周辺
それぞれの広場で、キャナルガーデンパーティとキャナルフェスが開催されている。
日常的なにぎわいもできている

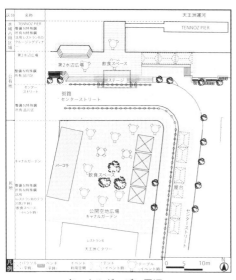

キャナルガーデン周辺

第3水辺広場周辺

キャナルガーデンパーティ

キャナルフェス

4 — 生きた景観の様子

❶ 水辺公共空間1 ——キャナルガーデン周辺

　再開発ビル「天王洲Cセントラルタワー」から天王洲運河にかけて、キャナルガーデン、センターストリート（部分）、第2水辺広場、TENNOZ PIERが一体的な公共空間としてN特殊鋼によって整備された。またセン

トラルタワー 1 階にレストラン R が 2018（平成 30）年 9 月にオープンし、日常的なにぎわいづくりが実現している［図4］。

　キャナルガーデンパーティは、開発協議会の主催で毎年 7 月下旬に開催される。ビアガーデンやライブ音楽演奏などでにぎわいをつくりだしている。一体的な公共空間をフルに活用して、屋台などによる飲食物の販売と、テントとイス・テーブルを配置している。

❷ 水辺公共空間 2 ——第 3 水辺広場周辺

　T 倉庫が、まず WATER LINE を整備し、その後第 3 水辺広場と WATER LINE2 を同時期に整備した。さらに自社の倉庫をレストランなどの店舗と 2 つのイベントスペースに用途転換し、全体的に木材を使用することで一体的な空間デザインとしている。T 倉庫は用途転換した建物敷地内と第 3 水辺広場に、パラソルとテーブル、イスを設置して、日常的なにぎわいづくりを実現させた。

　キャナルフェスは、キャナルサイド協会の主催で年に 4 回開催される。マルシェ、ライブ音楽演奏、プロジェクションマッピング、また水上まで使用して運河クルーズが行われる。地区外からも多くの来場者があり、にぎわいをつくりだしている。

5 - 周辺地域との連携と景観施策

　天王洲地区に隣接する旧東海道品川宿周辺地区は、品川区景観計画の景観形成重点地区に指定されており、地元まちづくり協議会が景観協議を行い、景観形成に加えて、外からのカフェやゲストハウスを起業する若者たちの獲得といったまちづくりの成果もあげている。

　天王洲地区も、2019（令和元）年度に景観重点地区に指定された。魅力的な景観づくりを制度化することに加えて、旧東海道品川宿周辺地区との広域的な魅力づくりが実現しようとしている。

❷ 持続的なエリアマネジメントと
　　生きた景観づくりの仕組み

　東京などの大都市では、再開発をきっかけとして民間企業などが自ら発意して主導する生きた景観づくりが可能である。天王洲地区の約25年にわたる活動の積み重ねによる多主体連携の仕組みは、以下のように整理できる。

❶開発協議会が地区の共通認識を形成してきたことで、民間企業主体の公共空間整備が実現した。多主体による複合的な市街地であっても、全体を網羅する地区組織が設立されて、地区の共通認識が形成される必要がある。

❷再開発の進展に伴い、新たな目的の発生に合わせて地区組織が増加していったことで、イベントといったエリアマネジメントが活発になり、さらに新たな地区組織が設立されていった。そして、中心となる民間企業が各地区組織に重複して加入することで、各地区組織間の連携が保たれている。仮に中心団体が各地区組織に重複して加入しない場合は、各地区組織間の連絡・調整・連携を図る仕組みが求められる。

❸複数の地区組織があることで、エリアマネジメントの次の展開が派生する。特に水辺公共空間のエリアマネジメントでは、運ルネ協議会といった水辺活用の規制緩和を受けるための地区組織が必須となるため、複数の地区組織が設立される可能性が高い。天王洲地区では、各地区組織がそれぞれの活動に取り組んでいる。

❹民間企業が主体となることで、水上施設、水辺広場、公開空地広場、街路、建物内のレストランやカフェまで連続する水辺公共空間の一体的なデザインが実現し、イベント時も平時も確実に活用される。

　主体性をもった担い手が集まる場合、天王洲地区のように、協議会といったひとつの団体で活動が展開するとは限らない。持続的で多様な取り組みが次々と展開していくためには、調整が困難でも多主体が連携することが望ましい。天王洲地区では、地区全体の目標イメージが共有されてい

ること、また中心的な企業が複数の団体に加入することで相互の調整が実現している。

3 掛けもち方式による持続的な活動

　天王洲地区では、地元民間企業がそれぞれ異なる目的で設立された複数の地区組織に掛けもちして加入することで、相互に調整し合い、かつ刺激し、新たな展開を生み出しながら25年間にわたりエリアマネジメントを継続している。そして連続して整備された公開空地広場・水辺広場・水上施設でオフィスワーカーがくつろぎ、また来街者もナイトライフまで楽しむという生きた景観を支えている。

参考文献

・赤沼大暉、萩野正和、志村秀明「水辺公共空間の活用を促進するための運営に関する研究—東京都隅田川流域と湾岸地域における実態を対象として—」『日本都市計画学会都市計画論文集』Vol.53、No.1、pp.27-38、2018年4月

第 **14** 節

生きた景観マネジメントによる
空間の再編

　歩道を行き交う往来と脇にはオープンカフェで語り合う人々。ショーウインドウは華やかに演出されていて、並木やイルミネーションも美しく、素敵な建築が並んでいるメインストリートの散策は飽きることがない。かつては交通を捌く場所であった街路は、都市を代表する顔であり、生きた景観を映す都市の舞台となった。

　都市を生き生きした場所へと再生していくには、土地利用の転換や建物更新によるアクティビティの変化、道や広場など公共空間の利活用、それらを実施する行政やエリアマネジメント団体などの主体の活動、空間のデザインや景観レビューなどの制度・仕組みが有機的に連携し、複合的に機能してこそ可能となる。拠点再開発による刷新モデルから、既成市街地の部分的更新や空間再編を通じ、効果が波及するような連鎖型の地域経営モデルへの転換がポイントになる。特に近年は、公共空間の再編や沿道で活動する主体との連携が重要になってきた。

■1 シンボルロード・御堂筋の景観マネジメント——大阪市

1 - 御堂筋の街路景観

　大阪の都心部（梅田〜難波）を南北に貫通する御堂筋は、4列の銀杏並木で知られる大阪を代表するシンボルロードである。大阪の業務中心地である淀屋橋—本町、商業中心地である心斎橋—難波に面し、ビジネス街や商業地として沿道のにぎわいや景観も大阪を象徴する景観をつくり出している。

　近世から続く歴史的市街地を貫通するかたちで1937（昭和12）年に開通

写真1：御堂筋での歩道空間
活用社会実験の風景
2018（平成30）年に実施さ
れた御堂筋チャレンジは、側
道を閉鎖して歩行者空間化し
た空間再編モデル整備にあわ
せ、賑わい利用の社会実験に
取り組んだ

した御堂筋ではあるが、戦前に建設された沿道の建築物は大阪ガスビルや
心斎橋大丸などわずかで、多くは戦後の高度経済成長期に建てられた。
1969（昭和44）年の建築基準法改正による絶対容積制への移行まで、商業
地域における建築物高さの制限は31mに制限（百尺規制）されていたが、
金融機関や保険会社、繊維系商社をはじめ、大阪を拠点とする数多くの企
業が御堂筋にオフィスを建設し、絶対容積制に移行した後も大阪市は本町
—淀屋橋間で行政指導として高さ規制を継続した。こうして御堂筋は幅員
24間（約44m）に対し、建築物高さが31mに揃った街路のプロポーショ
ンが美しいことでも知られるようになった。しかし時代の変化とともに高
さ規制見直しの機運が高まり、1994（平成6）年には建築物の壁面を4m
後退させ、軒線高さを50mとし、景観形成と沿道高度利用の共存を目指
した新ルールへと移行した。しかし、その後も金融機関の統廃合、本社流
出などがつづき、御堂筋周辺の相対的な地位の低下が課題となっていた。

2 – 御堂筋再生の課題

すでに新しいビジネス街のあり方、オフィス建築のあり方にも変化が生
じていた。商業、文化、ホテルなど複合的な機能構成とした新たなオフィ
ス街のかたちが、六本木ヒルズや大手町・丸の内・有楽町などで現れ、御

表1：御堂筋に関する年表
沿道の建築美観誘導や軸線の連続といった視点から、沿道のにぎわい形成、道路空間の再編など多様化が進んでいる

	まちづくり（都市計画）	景観（建築物、沿道）	道路空間
1937	御堂筋竣工（市街地建築物法による百尺（31m）規制）		四列並木（銀杏）
1969	行政指導による軒線31m制限（御堂筋の景観保持に関する建築指導方針）		
1970			南行き一方通行化
1982		建築美観誘導制度	
1994	御堂筋沿道の軒線50mへの緩和（御堂筋沿道建築物のまちなみ誘導に関する指導要綱）		・御堂筋の自動車交通量の減少　・自転車通行量の増加
2001	御堂筋本町北地区、南地区計画		
2004	淀屋橋地区都市再生特別地区		
2006		大阪市景観計画	
2007	都市再生特別地区本町三丁目南地区		
2012	グランドデザイン・大阪　御堂筋フェスティバルモール化（大阪府市）		
2013	【御堂筋沿道の機能更新、低層部のにぎわい、高さ規制緩和】・御堂筋本町北地区地区計画・御堂筋本町南地区地区計画		【道路空間の再編】側道閉鎖社会実験（難波周辺）
2014	御堂筋デザインガイドライン（御堂筋沿道建築物のデザイン誘導などに関する要綱 旧建築美観誘導制度）・まちの将来像　・まちなみ創造の作法・協議型まちなみ創造の実践（御堂筋デザイン会議）		
2016		【モデル整備の実施・検証】なんばひろば改造計画（なんば広場社会実験）	
2017	御堂筋完成80周年記念事業		
		大阪市景観計画改訂（御堂筋重点届出区域）	
2018		側道を活用した御堂筋空間再編社会実験（難波周辺）（御堂筋チャレンジ2018）	
2019		御堂筋将来ビジョン「世界最新モデルとなる、人中心のストリートへ」（2025年側道歩道化、2037年フルモール化）	
		御堂筋パークレット社会実験（本町地区）御堂筋道路空間デザイン指針	
2020		官民連携による御堂筋の沿道検証および利活用難波周辺（御堂筋チャレンジ）	
2025	側道を歩道へ		

堂筋でも新しい時代にふさわしい機能更新のあり方が課題となった。2000年代に入ると、すでにいくつかの地区では都市再生特別地区に基づく高さ規制の緩和が行われていた。

　沿道の街路景観が魅力であった御堂筋ではあったが、沿道の軒線に沿った建築を前提とするルールは、オフィス単一機能を原則としたビルディングタイプを前提としており、低層部に商業、中層部に業務、高層部にホテルというような複合的な用途を導入するには、レギュレーションの見直しは避けては通れない課題であった。沿道でビルの更新が進まない状況が続く一方、うめきた地区など新たな都市再開発が進んだことで、機能更新を主眼とした御堂筋の再生が喫緊の課題としてクローズアップされるようになり、沿道の地権者も御堂筋沿道の再生という課題に認識を深めていった。このような問題意識が沿道のエリアマネジメント活動へとつながっていった。

　御堂筋沿道の機能更新を主眼とした地区計画などの見直しが進む一方で、道路空間の再編の動きも進みはじめる。高度経済成長期の交通量の爆発的な増加のため、御堂筋は1970（昭和45）年に南行き一方通行化された。周辺市街地が近世の市街地構成のままであることもあり、御堂筋など一部の幹線道路にかかる負担は大きかった。しかし、2000年代に入ると、歩行者通行量の増加、自動車交通量の減少、自転車通行量の急激な増加が生じ、利用実態に即した道路空間の再編の必要性が指摘されるようになった。

2 御堂筋の空間再編

　沿道のまちづくり、景観、道路空間のあり方それぞれの面において、御堂筋を取り巻く課題が山積する状況を踏まえ、2012年には大阪府市共通の都市ビジョンとして「グランドデザイン・大阪」が策定され、御堂筋の再生（御堂筋フェスティバルモール化）が盛り込まれた。具体的には、御堂筋沿道の機能更新（複合用途への更新、複合用途を前提としたビルディングタイプ、低層部のにぎわい）、御堂筋沿道の街路景観の形成、緩速車道の歩行者空間化

（自転車道含む）による道路空間の再配分に一体的に取り組むこととなった。沿道の機能更新については、ビジネス街が中心の御堂筋本町地区を中心として地区計画を導入して着手し、道路空間の再編については自動車交通量が比較的少なく、歩行者通行量や自転車通行量が多い難波周辺から社会実験、モデル整備などに着手した。

　御堂筋沿道では、内外からの企業集積とITなどを活用した新しいビジネス創出に向けた業務・商業機能の高度化を目指すとともに、防災性の向上とゆとりとうるおいある都市空間形成のため、建築物の耐震化および壁面後退部分の歩行者空間を整備する方針を定めた。また、良好な街路景観の形成を継続してきた歴史性にも配慮し、時代に合わせた新たな視点での街路景観の形成を目指した。具体的には低層部の上質なにぎわいを形成する用途の導入や、50 mの軒線ラインを維持継続し、高層階には高機能オフィスやホテルを導入できるよう高さ規制の緩和が図られた。このような機能更新と連動するかたちで、低層部の空間利用についても、壁面後退部に加え、道路空間における歩道空間、滞留空間などを一体的に利活用することを前提として、道路空間のデザインも連動させる方針となっている。

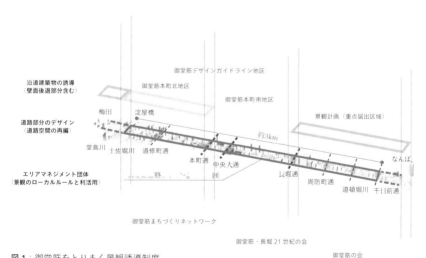

図1：御堂筋をとりまく景観誘導制度、
デザイン指針、エリアマネジメント団体などの関係

図2：御堂筋における多様な空間を一体的に景観誘導する仕組み

道路空間の再編とあわせて、沿道の建築物と敷地（壁面後退部分も含む）を一体的に捉え、景観誘導していくため、行政とエリアマネジメント団体が連携しつつ制度運用している。

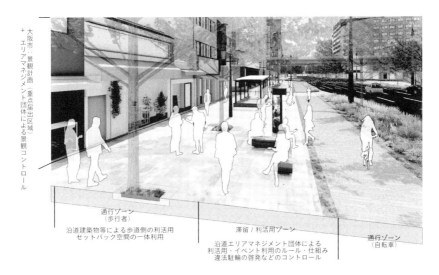

大阪市：景観計画（重点届出区域）＋エリアマネジメント団体による景観コントロール

| 通行ゾーン（歩行者） | 滞留／利活用ゾーン | 通行ゾーン（自転車） |

沿道建築物等による歩道側の利活用
セットバック空間の一体利用

沿道エリアマネジメント団体による
利活用・イベント利用のルール・仕組み
違法駐輪の啓発などのコントロール

大阪市：御堂筋道路空間デザイン指針に基づく道路空間の設計
（御堂筋道路空間の再編と道路付属物、占用物等の一体的デザイン）

エリアマネジメント団体等との協議
（御堂筋協議会）

御堂筋デザインガイドライン区間（淀屋橋 - 長堀通　本町北地区、本町南地区）

大阪市：地区計画＋御堂筋デザインガイドライン＋エリアマネジメント団体による景観コントロール

御堂筋デザインガイドラインによる誘導

沿道建築物
セットバック
空間の一体利用

| 滞留／利活用ゾーン | 通行ゾーン（歩行者） | 通行ゾーン（自転車） |

沿道エリアマネジメント団体による
利活用・イベント利用のルール・仕組み
違法駐輪の啓発などのコントロール

御堂筋デザイン会議
による協議（建築物など）

大阪市：御堂筋道路空間デザイン指針に基づく道路空間の設計
（御堂筋道路空間の再編と道路付属物、占用物などの一体的デザイン）

エリアマネジメント団体などとの協議
（御堂筋協議会）

3 エリアマネジメント団体との連携と 御堂筋の対話型景観誘導

ニューヨークにおけるタイムズスクエアの広場化のように道路空間の見直しが世界的に進むなか、御堂筋でもそのあり方が問われるようになり、沿道の機能更新とともにその見直しが進められた。しかし、道路空間の再編については、周辺の交通へ与える影響も大きいため、社会実験を繰り返し、交通管理者協議や交通へ与える影響を見極めながら検討が進められた。

御堂筋完成80周年を迎えた2017（平成29）年には、御堂筋の将来ビジョンが策定された。2025年を目標とした緩速車道の歩行者空間化、2037年のフルモール化という長期的な方針が設定された。また、御堂筋将来ビジョンの策定は、沿道のエリアマネジメント団体と一緒に検討が進められた。実際に側道閉鎖やパークレットなどの社会実験は沿道のエリアマネジメント団体と共同で進められており、今度再編が進む御堂筋沿道の歩道空間、滞留空間などの利活用、景観形成に向けた自主ルールの運用などに向け協議を進めている。

地区計画のある御堂筋本町地区ではすでに御堂筋デザインガイドラインが策定され、よりよい景観形成を地域が自主的に取り組む下地づくりが進んでいる。大阪市では御堂筋デザインガイドラインに基づく協議とともに、御堂筋デザイン会議を開催して、事業者との対話のもとで、よりよい御堂筋づくりのための創造的な対話を実施している。

参考文献

・大阪市「御堂筋デザイン指針（案）」2020
・大阪市「御堂筋デザインガイドライン」2014
・大阪市「御堂筋将来ビジョン」2019

第III部

提案
生きた景観マネジメントに向けて

生きた景観マネジメントを実践するには、これまでの景観づくりの現場が扱ってきた資源を拡張し、都市のスポンジ化や中心市街地の空洞化、空き家・空き地などのまちの状態に目を向け、こうした変化に向き合い、朝昼夜、平日週末、春夏秋冬と時間の経過のなかで継起的に景観のマネジメントに取り組むことが求められる。つまり、時や場所に応じて自由自在に変化し、人々の記憶に刻まれるような「生き生きとした景観」が生まれる環境を育むことを目指している。

　これまでみてきた「生きた景観マネジメントの実践」事例を振り返ると、❶景観マネジメントの主体・担い手の多様化、❷多様なステークホルダーにより生きた景観を生むための協議や対話の場とその運用、そして、こうした❸生きた景観マネジメントを支える制度や仕組み、に特徴が見られた。そこで生きた景観マネジメントを実践していくためのアプローチとして、それぞれのあり方について展望し、各所で実装していくための提案としたい。

写真1：日本大通りの週末の日常風景（横浜市）

第1章

主体・担い手のあり方

1 景観として扱う対象を広げる

　生きた景観マネジメントへの第一歩は、景観を構成する要素として扱う対象を広げて、多様化させるという点にある。景観にかかわる仕組みや制度の成り立ちの源流が、歴史的建造物や歴史的町並みの保存にあることから、いわゆる景観行政は建築物、工作物、屋外広告物を主たる対象として扱ってきた。本来は人の活動など、より多様なものを含んで構成されるのが景観であるが、比較的操作しやすく、安定的に存在し、景観が生じる場、いわば器となる空間に比重を置いて考えてきた。

　しかし、近年は、文化的景観など人々の生活や生業を含む対象を保全しようという動きも見られ、景観として扱う対象を拡大する枠組みへとシフトしている。

　第Ⅱ部での事例を振り返ると、生きた景観を構成する要素として、人々の活動や振る舞いなどめまぐるしく変化するような行動も要素として捉えている。また、人々のアクティビティに合わせて、実際に空間のデザインを見直す例も増えている。さらには、市街地の空洞化、衰退により生じた空き地や空き家の管理、あるいはそれらを活用して地域の活性化につなげていく取り組みや、広場や街路、公園などの公共空間で日々移り変わるシーンをより魅力的にするため、ベンチやイスなどの仮設物やそこに集う人々を景観の構成要素と捉えたまちづくりの実践や取り組みも増えている。

従来の景観行政で扱ってきた建築物やまちなみ、工作物、屋外広告物などの対象を広げ、もしくはこれまで別々の枠組みで捉えていた対象を組み合わせて一体的に扱うような広がりもある。たとえば、道路空間の再編や公園、河川空間のリニューアルなど、公共空間の再編やマネジメントに合わせ、建築物のデザイン誘導や公共施設デザインを一体的に扱い、景観を再構築していくようなケースだ。時間の経過による変化も対象として捉え、継起的に景観をマネジメントする主体の取り組みも見ることができる。

図1：景観において扱う対象の広がり

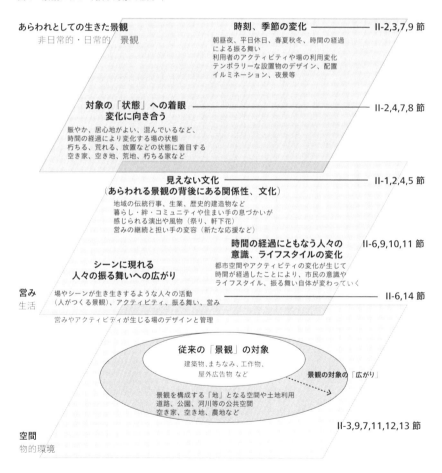

　　　　第III部　提案——生きた景観マネジメントに向けて

❷ 広がりある担い手・主体を構想する

　生きた景観マネジメントでは、その対象の広がりが特徴であると述べたが、そのことに呼応してその担い手や主体も広がっていく。いわゆる行政の景観を担当する部局のみならず、まちづくりや空間計画にかかわるよう

図2：長崎市景観専門監の位置づけ

（出典：髙尾忠志編著『長崎市景観専門監レポート 2013-2017』
長崎市まちづくり部景観推進室、2018、p.5）

なさまざまな部局もその担い手の一部になりうる。また、人々の営みが景観の重要な構成要素となることからも、地域の空間管理やまちづくりに取り組む地域や住民の関与も欠かすことができない。

　エリアマネジメント団体、まちづくり団体など、近年はまちづくりにかかわる担い手自体も多様化している。さらにはまちを訪れる来訪者も生き

表1：生きた景観マネジメントの担い手・主体の広がり

行政1 （景観行政団体）	・景観計画の充実（景観条例の枠組みの拡張） ・屋外広告物などの詳細規定 ・眺望景観、広域景観、夜間景観など景観対象の広がり ・メディアファサード、デジタルサイネージなど新たな景観課題への応答
行政2 （広義のまちづくり、 都市再生、空間再編）	・公共空間の再編（道路、水辺、公園等） ・空き家、空き地の適正管理 ・中心市街地の再生、にぎわいづくり
地域にかかわる 多様なコミュニティや 主体	・地域の伝統的コミュニティによる自治活動 ・エリアマネジメント団体、TMO ・地域団体、商店街、まちづくり協議会等 ・大学の教育活動、イベント等実行団体 ・まちづくり会社、一般社団法人、NPO ・空き家、空き地管理などを行う主体 ・社会実験などの実行主体

表2：生きた景観マネジメントを支援する推進・サポート機能

連携共同体	・アーバンデザインセンター（UDC） 地域課題の解決に向け、まちにかかわるさまざまな団体（公民学）が連携し、統合的なまちづくりを行う推進体 例：UDCK（柏の葉アーバンデザインセンター）など
専門家 アドバイザー 助言組織	・広場ニスト、常駐人（公園）など 広場や公園など場所にかかわるイベント、人と人のつながり、日常演出などに取り組む専門家 例：グランドプラザ（富山）、マチニワ（八戸） CAUE,CABEなど ・第三者型の公的独立助言組織 景観専門監（長崎市） 行政組織内に設置された景観デザインという専門的な観点からの監修者
デザイン会議	・景観アドバイザー（会議）制度 景観にかかわる専門家が参加する会議で、景観デザインに関する事項に対しアドバイスなどを行う 景観計画の届出案件にかかわらずアドバイスなどを行うケースや、エリアマネジメント団体などに設置されるケースもある 例：御堂筋デザイン会議（大阪市）
ヨソモノ （交流人口）	・地域外の人々が参画（お金やイベントなど）して、地域の景観づくりや歴史的まちなみ、建築物の保全などに参加するケース ・観光客、来訪者として来訪することで、間接的に支援をするケース

た景観を生む重要な担い手と捉えることが可能だ。

　さらには、こうした複雑化、多様化する景観づくりをより専門的に支援
し推進する主体である、アーバンデザインセンターや専門家、アドバイ
ザーと呼ばれる職能や、専門家のアドバイスなどを得ながら生きた景観マ
ネジメントを進めるサポート体制も充実してきている。[図2、表1・2]

3　有機的な機構の運営

　景観マネジメントの現場は、行政、企業、コミュニティの3極をそれ
ぞれ半ば包含する領域として想定することができる。このなかには、専門
的知識や経験の多少（専門家、住民、学生など）、地域とのかかわりの程度（商
店主、名士、居住者、Uターン、移住者など）、立場（行政マン、公人、研究者、来訪
者、市民など）、活動の直接的動機（営利、任務、義務感、社会貢献、好奇心など）
などの属性で括ることの可能な多様なグループが含まれる。先祖代々の居
住者から来訪者まで、専門家から素人まで、幅広い層から現場に参与する
これらの多様な担い手・主体は、相互に複雑な関係を切り結びながら全体
として一つの機構をなし、生きた景観マネジメントを遂行すると同時に、
生きた景観を体現しているとみることができる［図3］。

　複雑な機構には中心的な役割を担う主体が必要である。それは、強力な
リーダシップを発揮する単一の個人ないし組織であるよりも、異なるグ
ループに属し緊密に連携する複数のキーパーソンからなる集団である場合
が多い。キーパーソンは、経験に長けた行政マンや外部の専門家、あるい
は地域内部に長年暮らすまちづくりの当事者（生活者）などさまざまであ
り、これらを兼ねている場合も少なくない。優れた景観マネジメントには
多元的な主体に開かれたソーシャル・ネットワークの形成が重要であり、
要所を占めるキーパーソンらは相互に補完しつつ、集団として、機構の大
部分を覆う広範なソーシャル・ネットワークのハブに位置する中心組織を
形成する。

　まちづくり初動期のキーパーソンらによるマネジメント機能の導入ない
し形成のパターンとしては、中心組織の専門性の程度に注目すると、以下

のように整理できる。

❶ 商店主など地元住民らの勉強会などから始まる場合
❷ 大学の研究室のようなセミプロが介入することで本格化する場合
❸ 専門特化した組織を設置する場合：UDC、TMO、エリアマネジメント組織、協議会など

　地域の状況に応じて当面必要とされるマネジメント機構の規模や形態はさまざまである。仮に❸のような専門組織の設置が契機としてクローズアップされたとして、その前段階には、キーパーソンらの個別的な努力によりソーシャルキャピタルの蓄積が進められ、潜在的に❶や❷に相当する段階の活動が進行している。
　中心組織の役割は、たとえば以下のように列記することができる。

図3：多様な主体が関与してつくられる景観マネジメントの現場

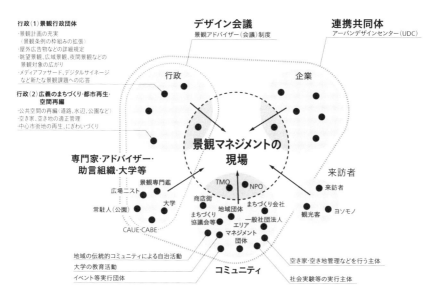

- 多元的主体を結びつけるソーシャル・ネットワークの形成、強化
- 多様な地域情報など現場の知識の蓄積
- 多様な専門知識や資源の動員による目標の明確化、問題の解決
- 新しい活動を生み出すための社会実験や学習機会の促進
- 持続可能性を保証する各種の経営資源の調達

　機構に参与するさまざまな担い手・主体は、通常、まちづくりのステージやプロセスの各段階で関与の仕方を変化させ、これに伴い、機構内部での影響力や周辺グループとの関係も動的に変様してゆく。こうした変化の過程で、機構は小さな問題解決を積み重ねながら発展し、参与する多様な担い手・主体の学習と知識の蓄積、および相互の連携強化を進め、キーパーソン達は地域のまちづくりの玄人へと成長してゆく。

　このような景観マネジメント機構は、ソーシャル・ネットワークを介して緩やかに結びついた多元性をもちながら、状況の変化に対応する高い柔軟性を獲得する。しかし、そのことは同時に、機構の不安定性の裏返しともなる。景観マネジメント機構に行政の影響が大きくなり下請けのような組織になる場合、企業原理の影響が大きくなり非営利的活動の役割や他活動とのバランスが損なわれる場合、そして前二者の結果とも重なるが、機構の役割分化や組織化が過度に進捗することで、活動がルーチン化し、運営が硬直的となり、最盛期に見られるようなさまざまな主体・グループの積極的な参与が減退してしまうことが考えられる。いずれの場合も、機構の潜在的な力が発揮されないことになる。

　こうした脆弱性の問題に対して、本書で取り上げたような好事例から見えてくるのは、機構の中心的な働きの大部分は、非営利的で、自発的な動機に基づく〈生き生きとした活動〉により支えられていることであり、さらに、その状況を持続可能なものとする条件として、以下の3点が成立していることが重要であろう。

❶ マネジメントを持続的に行うための最低限の活動原資（運営に関わる実費、専門家や運営スタッフの成長を可能とする実費（学習・研修）など）が確保されて

いること〈持続可能な活動のための最低限の予算の確保〉

❷　活動原資は、地域や民間の負担、収益事業のみならず、行政からの補助や助成も含めた地域内での経済循環のなかで賄われており、かつ、そのことが地域社会において認知されていること〈経済循環への埋め込み〉

❸　地域貢献活動とその対価負担の適切な配分が行われて、活動すればするほど経済的に疲弊していく主体がいないこと〈一方的負担者の発生予防あるいは救済〉、また他方で、偏った利益配分や機構の不完全性により不当な利益を得る主体がいないこと〈フリーライダーの排除〉

第 **2** 章

協議と対話の場づくり

❶ 生きた景観が生まれる環境づくり

　生きた景観マネジメントでは、日々変化する「景観」の状態をコントロールするという方法論の確立が重要だ。時間や季節あるいは地域の生業の変化などによって、まちや土地の景観は変化しつづける。このため対象は拡張し、担い手も多様化し、いわば発散的な展開をみせる。

　たとえば、建築物や広告物を主とした景観計画の手続きフローに基づけば、その担い手は事業主や建築主と景観行政団体である行政、そしてアドバイザーなどで関与する専門家がサポートする、という明確な役割分担で構成されていた。しかし、生きた景観を扱おうとすると、前述のとおりかかわる担い手は飛躍的に増加する。広場などの公共空間を管理する管理者や、通りに面して出店するオープンカフェのイス、テーブル、パラソル、それらを運営する店舗やカフェのイスに座る人々の仕草、通り過ぎる人々でさえ、その構成要素になる。

　生きた景観は、その性質上、あらかじめ定められた基準やルールを守ることだけでは生起させることが難しい。まちににぎわいを生み出すにはどうすればよいか、今日も行ってみたいと思うシーンはどのように生まれるか、そのまち、その都市を象徴するような景観を生み出すにはどうすればよいかなど、積極的な動機づけや目標像を設定し、関係者でそれらを共有し、実現に向けた法的な手続きにとどまらず、よりよい状況を生み出す不断の対話や協議が必要不可欠となる。

シャッター街となった商店街では、衰退しさびれた風景が現れた空き家をリノベーションして利活用する仕組み、あるいは店舗前スペースを活用したフリーマーケットの開催、ストリートライブのミュージシャンが集まる仕掛けなども生きた景観を生む仕掛けとなる。耕作放棄地が増えた農地では、体験を主眼とした観光に活路を見出したり、景観作物を栽培するなどの工夫もある。

❷ 創造的協議・対話など　景観計画の仕組みの充実

　2019年度に景観ビジョンを改訂した横浜市では、景観条例などによる横浜型の新たな都市景観形成の仕組みを構築した。これにより、景観ビジョンの理念を踏まえ、景観法に基づく景観計画などの基本的、定量的なルールを定めた地区において、さらに質の高い景観形成を図るため、景観条例に基づき創造的な協議を付加できるシステム（都市景観協議地区）が導入された。

　いわば、これまでの景観協議が基準を満たしているかという観点でのチェックであったのに対し、景観をよりよくしていくためのアイデアを互いに出し合い、それに必要な対策も含めて考えるという枠組みが生まれて

図4：銀座デザイン協議会での協議の仕組み（作成：銀座街づくり会議）

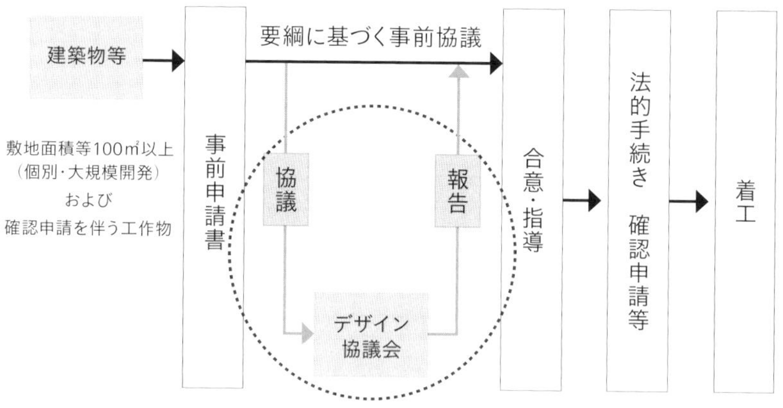

建築物等

敷地面積等100㎡以上
（個別・大規模開発）
および
確認申請を伴う工作物

事前申請書

要綱に基づく事前協議

協議

報告

デザイン協議会

合意・指導

法的手続き　確認申請等

着工

きている。同様の取り組みは、東京・銀座や大阪・御堂筋、神戸・三宮など、各地で広がりを見せている［図4］。

3 空間、営み、仕組みの良好な関係をデザインする

　生きた景観マネジメントでは、都市や空間の取り巻く環境の変化に対してしなやかに対応できる柔軟性が必要となる。このため、生きた景観マネジメントの実践事例では、さまざまな試行錯誤を繰り返しながら、空間、営み、仕組みの良好な関係をデザインするための模索がつづいている。

　近年はタクティカル・アーバニズムの潮流のなかで定着しつつあるプレイス・メイキングという手法も一例といえるが、道路空間の再編に代表される公共空間の使い方をより多様化する取り組みは、具体的方針を定めるため、その効果についての実験的な検証を欠かすことができない。

　また、空き家や空き地などの空間管理も未経験の主体がいきなり取り組むことも難しく、まずは実験的な検証や体験を経て実施に至る。まちなか広場などの公共空間では、朝昼夜、平日週末、春夏秋冬と流れていく時間のなかで、都市を魅力的にする風景を生み出す仕掛けが継続的に行われる。

　空間と営みと制度・仕組みをつなぐさまざまなアクションの継続、試みの経験と蓄積によって、生きた景観マネジメントにかかわる多様な担い手の共通理解が進んでいく効果も期待される。魅力的な生きた景観がまちに現れるという共感を得て、その取り組みが広がりはじめる［図5・6］。

　たとえば、まちにあらわれる生きた景観は、普段まちで生活する人々にはその価値が認知されないことも多い。その場合にはイベントなど普段と違う非日常の場を設定すれば、地域価値を見つめ直す機会になる。また、地域に眠る有形、無形の資源を見出す試みとしてまち歩きやワークショップを通じて自らまちの魅力を見出すアクションも必要となる。一方で、日常にはない新たな風景を生み出したいときには、社会実験などありたい状態を可視化する取り組みを経て、関係者の共感を得ていくプロセスも欠かせない。

　一方で、あらわれとしての生きた景観が持続可能な状況のもとで生み出

図5：生きた景観マネジメントを取り巻く関係のデザイン

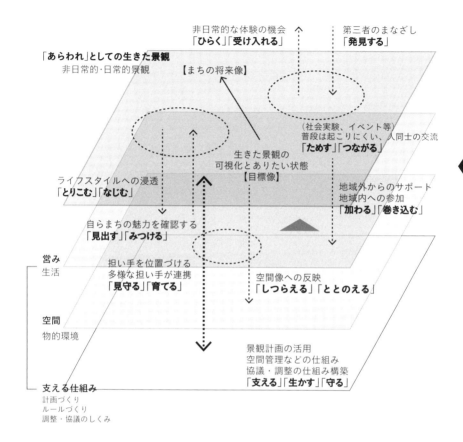

され続ける環境や体制を整えることも重要だ。多様な担い手の連携や時間をかけて人々のライフスタイルへの浸透を目指した仕掛け、継続的に景観マネジメントを行う主体により生きた景観を見守り育てる取り組みなどが有効となる。

さらには、こうした生き生きした景観が生まれる、人々のアクティビティである「営み」と器としての「空間」が相互につながりあう関係として、空間のリニューアルなどを通じてデザインに反映されるような流れができれば生きた景観マネジメントの好循環が生まれていく。

図6：生きた景観マネジメントを取り巻く関係のデザイン

	取り組み	内容	第Ⅱ部事例との対応	対応区分
●短期的取り組みやあらわれのアクションやスタートアップ	非日常的な体験の機会「ひらく」「受け入れる」	地域コミュニティや関係者のみならず、イベントなどを通じて、外からの来訪者に開き、景観の魅力や価値を伝え、発信し、共感を広げていく	第Ⅱ部すべての事例	資 主 変 地
	自らまちの魅力を確認する「見出す」「みつける」	地域に眠る有形、無形の資源を見出す試み。まち歩きやワークショップ、意見交換などの試みなど	II-1,2,3	資
	第三者のまなざし「発見する」	客観的に評価できる専門家などに意見をもらう機会を得て、気づきを得る。移住者や新規出店者など、ヨソモノの目線で捉え直す。観光客などの受け入れ	II-1,5,6,7,10,11	資 主 変 地
	社会実験、イベント等「ためす」	日常とは異なる風景をつくるための、トライアルを一定期間継続的に実施し、効果検証などを行う	II-9,12,13,14	変 地
●担い手の広がりや連携営みのアクション	多様な担い手の連携「つながる」	景観マネジメントに関わる多様な担い手のつながりを生むようなきっかけをつくる	II-5,6,7,8,11	主 変 地
	ライフスタイルへの浸透「とりこむ」「なじむ」	トライアル的に実施した成果を日常化させた、風物化し、地域に取り込む。時間の経過を通じて生きた景観をつくる人々の振舞いがライフスタイルに浸透する。文化的景観の形成	II-4,6,9,10	主 変
	地域外からのサポート地域内への参加「加わる」「巻き込む」	クラウドファンディングなど地域外からの資金的な支援、制度の活用など、専門的な支援を得る	II-1,3,6,7,8	資 主 変
	担い手を位置づける多様な担い手が連携「見守る」「育てる」	継続的な景観のマネジメントにおける試行錯誤を通じて、景観の質を高め、まちの価値を向上させる。主体を明確に位置づける、もしくは主体間連携により景観マネジメントを継続	II-5,11,12,13,14	主 地
●空間像のデザインに関するアクション	空間像への反映1「しつらえる」	生きた景観を生み育てるような空間のデザイン。社会実験やイベント、人々がつくる風景を踏まえた場の設計。公共空間の空間再編など使い方の転換に合わせたデザインリニューアル	II-3,4,6,8,9,10,13,14	資 主 変 地
	空間像への反映2「ととのえる」	空き地や空き店舗などを含む地域の未活用資源を生かすような空間の改善。リノベーションやリニューアルデザイン	II-1,2,5,7,10,11,12	資 主 変 地
●支える仕組みに関するアクション	景観計画の活用空間・管理などの仕組み、協議・調整の仕組みなど「支える」「生かす」「守る」	景観計画など従来の景観まちづくりにかかわる手法を活用したルールや事前協議の仕組みなど。公共空間の利活用など生きた景観を生む空間管理を実現する仕組み。生きた景観を生むための関係者間の協議など	すべて	資 主 変 地

資 資源　主 主体　変 変化　地 地域経営

　そして、こうした生きた景観マネジメントを支える仕組み（計画づくり、ルールづくり、調整・協議のしくみ）を充実していくことで、生きた景観マネジメントが制度として担保されていく。

第3章

制度・仕組みの充実

■1 景観価値の提示と景観計画の充実・進化を図る

　生きた景観マネジメントを支える制度・仕組みは、景観計画や景観条例など既存の景観づくりに関する制度を有効に活用することを基本路線としつつ、生きた景観が生まれるような公共空間などの資源が活用できる空間管理や積極的な対話の場の設置などが重要な意味を持つ。

　本来、地域の景観価値は地域ごとに多様なものであるが、地域のもっている魅力や価値を位置づけることが最初のステップとして必要になる。たとえば、金沢市では、半世紀以上におよぶ景観行政の蓄積のなかで、武家屋敷や茶屋街など金沢を代表するような景観資源のみならず、金沢の景観を構成する多様な資源を価値づけてきた。市街地に点在するちょっといいまちなみである「こまちなみ」や、金沢の景観の地となる「用水」や「斜面緑地」、そして近年は眺望、沿道景観、夜間景観などさらなる充実を図っている。地域らしさは地域ごとにあってよい。

　歴史的資源では価値づけられないコンテクストであっても、地域の人々の日常的な活動や、戦後の地域の活性化を支えた文化的価値では問えないような建築物や商店街なども対象となる。いわば、地域が共有する誇りや共感などを拾い上げて、地域独自の景観価値を提示し、それらをもとに、景観計画などの諸制度の充実・進化を図ることが重要となる。景観計画を策定し、運用してきた多くの自治体ではその改定に合わせて、より充実・進化を図ることが期待される［図7］。

図7：景観価値の提示例

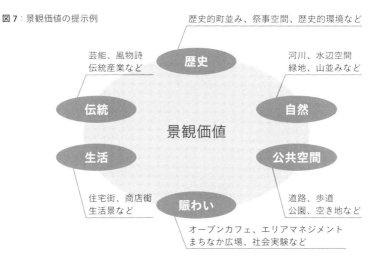

本書で紹介した景観価値の提示例	
金沢市の自主条例	景観条例（景観計画）、風致地区条例（県条例）で規定される建築物・工作物といった基本的な要素に加えて、沿道景観・夜間景観・用水保全・斜面緑地保全・寺社風景保全・こまちなみ保全などの構成要素ごとに、市独自条例を策定し、価値を提示している。
景観計画とフェノロジーカレンダー（美瑛町）	農業の副産物の景観と観光との共生を目指し、景観計画の策定とともに、農業と観光の両面から地域景観を捉え直している。フェノロジーカレンダー（地域の自然と人の営みを表した生活季節層）を作成している。
市民や地域による地域価値を提示した事例	鎌倉市の自主まちづくり計画鎌倉市、京都市の姉小路や先斗町界わいなどに見られる町式目、川越市の町づくり規範などで、市民や地域が価値を掲示する事例が見られる。

図8：まちなか防災空地（神戸市）の仕組み

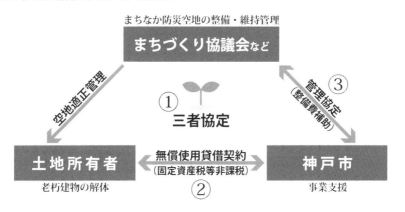

2 空間管理や地域の主体を担保する

　広場、公園、道路、河川、空き家、空き地など、さまざまな空間を利活用する場合には、魅力的な利活用を担保することが重要となる。
　「東京のしゃれた街並みづくり推進条例」では、まちなみ景観づくり活動

図9：空間管理や地域の主体を担保する仕組み

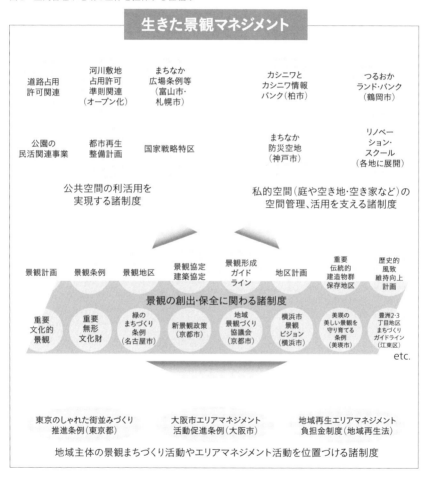

生きた景観マネジメント

道路占用許可関連　河川敷地占用許可準則関連（オープン化）　まちなか広場条例等（富山市・札幌市）　カシニワとカシニワ情報バンク（柏市）　つるおかランド・バンク（鶴岡市）

公園の民活関連事業　都市再生整備計画　国家戦略特区　まちなか防災空地（神戸市）　リノベーション・スクール（各地に展開）

公共空間の利活用を実現する諸制度　　私的空間（庭や空き地・空き家など）の空間管理、活用を支える諸制度

景観計画　景観条例　景観地区　景観協定建築協定　景観形成ガイドライン　地区計画　重要伝統的建造物群保存地区　歴史的風致維持向上計画

景観の創出・保全に関わる諸制度

重要文化的景観　重要無形文化財　緑のまちづくり条例（名古屋市）　新景観政策（京都市）　地域景観づくり協議会（京都市）　横浜市景観ビジョン（横浜市）　美瑛の美しい景観を守り育てる条例（美瑛市）　豊洲2・3丁目地区まちづくりガイドライン（江東区）　etc.

東京のしゃれた街並みづくり推進条例（東京都）　大阪市エリアマネジメント活動促進条例（大阪市）　地域再生エリアマネジメント負担金制度（地域再生法）

地域主体の景観まちづくり活動やエリアマネジメント活動を位置づける諸制度

など、地域の特性を生かし、まちの魅力を高める活動を主体的に行う団体をまちづくり団体として登録している。地域ごとに自主的にまちなみ景観づくり制度などをつくり、公開空地などの利活用をしやすくし、にぎわいや地域の魅力づくりが生まれるような仕組みを構築している。近年は道路空間、河川空間、公園など公共空間の利活用を柔軟にする諸制度の充実が

図10：空間管理や地域の主体を担保する仕組み

地域主体の景観まちづくり活動やエリアマネジメント活動を位置づける諸制度	**東京のしゃれた街並みづくり推進条例（東京都）** まちづくり団体登録主体が公開空地などを活用し、公益的イベント、オープンカフェなどが実施可能 **大阪市エリアマネジメント活動促進条例（大阪市）** エリアマネジメント活動の認定、費用交付（分担金）を定め、地域主体の公共的空間の創出と活用を実現 **地域再生エリアマネジメント負担金制度（地域再生法）** 3分の2以上の事業者の同意を要件として、エリアマネジメント団体が実施する地域再生に資するエリアマネジメント活動費用を、市町村がその受益の限度において活動区域内の受益者（事業者）から徴収し、団体に交付
公共空間の利活用を実現する諸制度	**道路占用許可関連** 路上イベント、オープンカフェの設置 地域における公共的な取り組みのための広告などの占用 道路協力団体 **河川敷地占用許可準則関連（オープン化）** オープン化区域の指定により、オープンカフェなどの占用が可能 **まちなか広場条例等（富山市、札幌市 等）** まちなか広場において独自の公物管理条例（いわゆる条例広場）を定めることで、自由で柔軟な空間管理を実現 **公園（PARK-PFI制度）** PARK-PFI制度による民間活用や占用物件拡大 **都市再生整備計画** 道路占用許可の特例、河川敷地の占用許可、都市利便増進協定、都市再生（整備）歩行者経路協定など **国家戦略特区** エリアマネジメントの民間開放 など
私的空間（庭や空き地、空き家など）の空間管理、活用を支える諸制度	**カシニワとカシニワ情報バンク（柏市）** 市民団体等が手入れを行い利用しているオープンスペース（樹林地や空き地等）、一般公開可能な個人の庭を「カシニワ＝かしわの庭・地域の庭」と位置づけ地域の魅力アップを図る **つるおかランド・バンク（鶴岡市）** 空き家・空き地等の不動産の売買、相続期に所有者の協力により、空き地・空き家を活用し狭隘道路や狭小・無接道敷地を解消させ、地区全体の環境を向上・再生させる取り組み **まちなか防災空地（神戸市）** 密集市街地において、災害時は一時避難場所や消防活動用地、緊急車両の回転地などの防災活動の場として、平常時は広場・ポケットパークなどのコミュニティの場として利用 **リノベーション・スクール（北九州市 など）** 実在する遊休不動産のリノベーション事業プランを企画し、事業化を目指す集中講座

広がっており、環境は整いつつある。

　都心や中心市街地ににぎわいを生むような環境づくりの一方で、空洞化や衰退が進むようなエリア、あるいは都市のスポンジ化などにより空間管理が行き届かないような問題を抱える場所においても、さまざまな工夫が取り組まれている。所有と利用の枠組みを分離して、良好な空間管理に結びつけるカシニワ制度（柏市）や、まちなか防災空地（神戸市）、つるおかランド・バンク（鶴岡市）など、地域を含む多様な担い手によって支え合うような仕組みも生まれている［図8-10］。

参考文献

・横浜市「景観ビジョン」2019 https://www.city.yokohama.lg.jp/kurashi/machizukuri-kankyo/toshiseibi/design/mokuhyo/vision.html（2020年11月閲覧時）
・長崎市「長崎市景観専門監レポート 2013-2017」2018 https://www.city.nagasaki.lg.jp/sumai/660000/667000/p031144.html
・銀座街づくり会議・銀座デザイン協議会「銀座デザインルール」2011、2015 https://www.ginza-machidukuri.jp

歩みを続ける景観研究
〈生きた景観マネジメント小委員会の活動と本書について〉

　日本建築学会の常置委員会である都市計画委員会（野澤康委員長）に、「生きた景観マネジメント小委員会」は位置づけられている。景観を主題とする研究組織は都市計画委員会のなかでも長く継続しており、『生活景 身近な景観価値の発見とまちづくり』（学芸出版社、2009）、『景観再考 景観からの豊かな人間環境づくり宣言』（鹿島出版会、2013）、『景観計画の実践 事例から見た効果的な運用のポイント』（森北出版、2017）など定期的に刊行を継続している。

　毎年秋に開催される日本建築学会大会の前日には、大会開催地近郊での景観形成に積極的に取り組んでいる事例を訪問し、地域の協力を得て景観ルックイン（見学会やシンポジウム）を企画している。

　2017年度から活動を開始した生きた景観マネジメント小委員会では、文字どおり「生きた景観マネジメント」を主題として、研究活動を進めてきた。景観は都市を写す鏡としての役割をもつ。たとえば、中心市街地の空洞化はシャッター街のまちなみとして現れるが、その解決には、空き家の活用など景観施策とまちづくりとの一体的応答が欠かせない。また、都心部で設置が広がるまちなか広場では、周辺のエリアマネジメント活動と連動して、時間・季節で変化しながら、生き生きした風景が生み出されている。いわば都市を舞台として織りなされる人々の振る舞いやアクティビティを含んだ景観への関心が高まっている。そこで、本小委員会では、つくる時代からつかう時代への本格的適応をめざして、地域価値を向上させる景観マネジメントのあり方というテーマを設定し、景観まちづくりの新たな展開を模索した。本書は小委員会のメンバーはもとより、多くの日本建築学会会員や行政、地域で活動する人々とのディスカッションを重ね、公開研究会や研究懇談会などを経て積み上げてきた成果である。

全体の企画および第 I、III 部のとりまとめは嘉名が行い、II 部のとりまとめは栗山、大影が担当した。また全般にわたる編集支援は阿久井が担当した。

　日本建築学会編として公刊するにあたり、小浦久子・神戸芸術工科大学教授と後藤春彦・早稲田大学教授による査読の機会を得て、貴重なご指導をいただくことができた。両先生にお礼申し上げる。

　多くの執筆者が関与する著作での全体のバランスや構成には難しさもあったが、鹿島出版会の渡辺奈美さんには、企画構想段階から編集、校閲段階に至るまで熱心かつ丁寧なアドバイスと激励をいただいた。記して感謝の意を表したい。

　学生の頃に恩師・中村良夫先生と出会ったことが私と景観との邂逅であった。あれから 30 余年の月日が流れたが、景観研究はいまもその歩みを続け、進歩している。COVID-19 が猛威を振るうなか、都市のあり方はもとより、景観の意味や価値を考えさせる環境の激変に私たちは直面している。こうした試練に立ち向かい、乗り越え、都市、社会、そして人々の人生が豊かになることに貢献するための問いをたて、研究と実践を続けてゆきたいと思う。

2021 年 1 月

嘉名光市

嘉名光市 [かなこういち]

大阪市立大学大学院工学研究科教授。博士（工学）、技術士（建設部門）、一級建築士。1968年生まれ。東京工業大学大学院社会理工学研究科博士後期課程修了。大阪市立大学講師、准教授を経て2017年より現職。著書に『都市を変える水辺アクション』（共著、学芸出版社）など。2015年度日本都市計画学会石川賞、2017年日本建築学会賞（業績）受賞（共同）。
［執筆担当：第Ⅰ部1〜4章、第Ⅱ部2章6節、4章12〜14節、第Ⅲ部1〜3章］

大影佳史 [おおかげよしふみ]

関西大学環境都市工学部教授。博士（工学）、一級建築士。1969年生まれ。京都大学大学院博士後期課程研究指導認定退学。同大学院助手、名城大学講師、准教授を経て2015年より現職。作品に「京都大学総合博物館（南館）」、「愛知万博瀬戸会場竹の日よけプロジェクト」、「てんぱくプレーパーク・プレーハウス」、著書に『都市・建築の感性デザイン工学』（共著、朝倉書店）、『日本の建築意匠』（共著、学芸出版社）、『景観計画の実践』（共著、森北出版株式会社）など。2015年度こども環境学会賞・活動奨励賞（共同）。
［執筆担当：第Ⅰ部4章、第Ⅱ部1章1・3節］

栗山尚子 [くりやまなおこ]

神戸大学大学院工学研究科准教授。博士（工学）、一級建築士。1977年生まれ。神戸大学大学院自然科学研究科博士課程前期課程修了。神戸大学工学部助手、工学研究科助教を経て2018年より現職。著書に『いま、都市をつくる仕事』（共著、学芸出版社）、『景観計画の実践』（共著、森北出版株式会社）、『小さな空間から都市をプランニングする』（共著、学芸出版社）など。
［執筆担当：第Ⅰ部4章、第Ⅱ部3章9節］

阿久井康平 [あくいこうへい]

大阪府立大学大学院人間社会システム科学研究科助教。博士（工学）。1984年生まれ。中央復建コンサルタンツ株式会社を経て、大阪市立大学大学院後期博士課程修了。富山大学都市デザイン学部助教を経て2020年より現職。著書に『コンパクトシティのアーバニズム コンパクトなまちづくり、富山の経験』（共著、東京大学出版会）、『大学的富山ガイド』（共著、昭和堂）など。2017年度前田記念工学振興財団前田工学賞受賞など。
［執筆担当：第Ⅰ部4章、第Ⅱ部1章2・3節］

麻生美希 [あそうみき]

同志社女子大学生活科学部人間生活学科准教授。博士（芸術工学）。1982年生まれ。白川村役場嘱託職員、北海道大学観光学高等研究センター助教、九州大学大学院ユーザー感性学専攻講師を経て現職。『フィールドから読み解く観光文化学』（分担執筆、ミネルヴァ書房、2019年）など。
［執筆担当：第Ⅱ部3章10節］

阿部貴弘 [あべたかひろ]

日本大学理工学部まちづくり工学科教授。博士（工学）、技術士（建設部門）。1973年生まれ。東京大学大学院工学系研究科社会基盤工学専攻修士課程修了。パシフィックコンサルタンツ株式会社、国土交通省国土技術政策総合研究所、日本大学理工学部准教授を経て、2018年より現職。土木学会デザイン賞、グッドデザイン賞ほか受賞。著書に『図説 近代日本土木史』（共著、鹿島出版会）など。
［執筆担当：第Ⅱ部3章10節］

阿部大輔 ［あべだいすけ］

龍谷大学政策学部教授。博士（工学）。1975 年生まれ。早稲田大学理工学部土木工学科卒業、東京大学大学院工学系研究科博士課程修了。政策研究大学院大学、東京大学都市持続再生研究センターを経て現職。著書に『バルセロナ旧市街の再生戦略』、『ポスト・オーバーツーリズム』（いずれも学芸出版社）など。
［執筆担当：第Ⅱ部 4 章 11 節］

大野 整 ［おおのせい］

株式会社都市環境研究所取締役。技術士（都市及び地方計画）。1967 年生まれ。東京都立大学工学部建築工学科卒業。著書に『都市の風景計画』、『日本の風景計画』、『景観まちづくり最前線』（いずれも学芸出版社、共著）など。
［執筆担当：第Ⅱ部 2 章 5 節、3 章 7 節］

佐藤宏亮 ［さとうひろすけ］

芝浦工業大学建築学部教授。博士（建築学）。早稲田大学大学院博士後期課程修了。株式会社都市建築研究所、早稲田大学創造理工学部建築学科助教、芝浦工業大学建築工学科准教授を経て、2018 年より現職。日本建築学会奨励賞ほか受賞。著書に『医学を基礎とするまちづくり』（共著、水曜社）、『無形学へ かたちになる前の思考』（共著、水曜社）など。
［執筆担当：第Ⅱ部 4 章 12 節］

志村秀明 ［しむらひであき］

芝浦工業大学建築学部教授。博士（工学）、一級建築士。1968 年生まれ。早稲田大学大学院修士課程・博士課程修了、早稲田大学理工学部建築学科助手、芝浦工業大学工学部建築学科助教授・准教授・教授を経て 2017 年より現職。日本建築学会奨励賞（2006 年度）受賞。著書に、『東京湾岸地域づくり学』（鹿島出版会）、『ぐるっと湾岸再発見』（花伝社）。
［執筆担当：第Ⅱ部 2 章 4 節、4 章 13 節］

杉崎和久 ［すぎさきかずひさ］

法政大学法学部政治学科、大学院公共政策研究科教授。1973 年生まれ。東京大学大学院工学系研究科都市工学専攻博士課程単位取得退学。練馬区都市整備公社練馬まちづくりセンター専門研究員、京都市景観・まちづくりセンターまちづくりコーディネーターを経て、2014 年より現職。著書に『小さな空間から都市をプランニングする』（共著、学芸出版社）など。
［執筆担当：第Ⅱ部 2 章 5 節］

高野哲矢 ［たかのてつや］

アンドプレイス合同会社代表社員。1984 年生まれ。株式会社都市環境研究所、株式会社まちづくり小浜を経て、2020 年より現職。特定認定 NPO 法人日本都市計画家協会理事。
［執筆担当：第Ⅱ部 3 章 9 節］

中島宏典 ［なかしまひろのり］

NPO 法人八女空き家再生スイッチ理事。修士（工学）。有明工業高等専門学校専攻科建築学専攻修了、千葉大学大学院建築・都市科学専攻修了。（公財）京都市景観・まちづくりセンターを経て、福岡県八女市を拠点に地域資源を活用した事業推進に取り組む。株式会社八女流、（一財）福岡県建築住宅センター非常勤職員（福岡県空き家活用サポートセンター）、京都芸術大学非常勤講師。
［執筆担当：第Ⅱ部 3 章 7 節］

沼田麻美子 ［ぬまたまみこ］

東京工業大学環境社会理工学院助教。博士（環境学）。筑波大学生命環境科学研究科博士後期課程修了。株式会社都市環境計画研究所研究員を経て、2013 年より現職。
［執筆担当：第Ⅱ部 3 章 10 節］

原田栄二 [はらだえいじ]

東北大学大学院工学研究科助教。博士（工学）。
1968 年生まれ。東京大学大学院工学研究科都市工
学専攻修士課程修了。ウィーン工科大学研究生、
株式会社都市計画設計研究所所員を経て、現職。
2004 年度パリ・ラ・ヴィレット建築大学校研究員。
著書に『景観計画の実践』（共著、森北出版）など。
[**執筆担当**：第 II 部 3 章 8 節、第 III 部 1 章]

松井大輔 [まついだいすけ]

新潟大学工学部工学科建築学プログラム准教授。
博士（工学）。1984 年生まれ。東京大学大学院工
学系研究科都市工学専攻博士課程修了。立命館大
学研究員、新潟大学助教を経て 2020 年より現職。
著書に『粋なまち神楽坂の遺伝子』（共著、東洋書
店）など。2013 年日本都市計画学会論文奨励賞、
2019 年都市景観大賞（景観まちづくり・教育部門）
優秀賞（共同）など。
[**執筆担当**：第 II 部 1 章 1・2 節]

三宅 諭 [みやけさとし]

岩手大学農学部准教授。博士（工学）、一級建築
士。1972 年生まれ。早稲田大学大学院理工学研究
科博士後期課程単位取得退学。早稲田大学理工学
総合研究センター助手、岩手大学講師を経て 2008
年より現職。共著に『東日本大震災で大学はどう
動いたか』（古今書院）、『震災復興から俯瞰する農
村計画学の未来』（農林統計出版）など。
[**執筆担当**：第 II 部 2 章 4 節、3 章 8 節]

山下裕子 [やましたゆうこ]

広場ニスト／ひと・ネットワーククリエイター。
2007 年よりグランドプラザ運営事務所勤務。
2013 年より全国まちなか広場研究会理事。2014
年よりまちなか広場研究所として活動開始後、八
戸市・明石市・久留米市をはじめとする地域のま
ちなか広場づくりに関わる。著書に『にぎわいの
場 富山グランドプラザ稼働率 100％の公共空間
のつくり方』（学芸出版社）。
[**執筆担当**：第 II 部 2 章 6 節]

＊本文中に特記のない図版は、筆者撮影・
　作成、または提供による

生きた景観マネジメント

2021年2月20日　　第1刷発行

編　者　日本建築学会

発行者　坪内文生

発行所　鹿島出版会
　　　　　〒104-0028 東京都中央区八重洲2-5-14
　　　　　電話 03-6202-5200　振替 00160-2-180883

印刷・製本　壮光舎印刷

ブックデザイン　日向麻梨子（オフィスヒューガ）

本書の内容に関するご意見・ご感想は下記までお寄せ下さい。
URL: http://www.kajima-publishing.co.jp/
e-mail: info@kajima-publishing.co.jp